創新管理

——創意發明與專利保護

黃秉鈞、葉忠

創新管理

——創意發明與專利保護實務

黃秉鈞、葉忠福◎著

「NEO系列叢書」總序

Novelty 新奇・Explore 探索・Onward 前進

Network 網路・Excellence 卓越・Outbreak 突破

世紀末，是一襲華麗？還是一款頹廢？

千禧年，是歷史之終結？還是時間的開端？

誰會是最後一人？大未來在哪裡？

　　複製人成為可能，虛擬逐漸替代真實；後冷戰時期，世界權力不斷地解構與重組；歐元整合、索羅斯旋風、東南亞經濟危機，全球投資人隨著一波又一波的經濟浪潮而震盪不已；媒體解放，網路串聯，地球村的幻夢指日可待；資訊爆炸，知識壟斷不再，人力資源重新分配……

　　地球每天自轉三百六十度，人類的未來每天卻有七百二十度的改變，在這樣的年代，揚智「NEO系列叢書」，要帶領您——

整理過去・掌握當下・迎向未來

全方位！新觀念！跨領域！

蔡序

　　處於知識經濟時代，創意是人類最珍貴的資產，因此研發人才是經濟發展中重要的命脈與關鍵，以國內近年的經濟發展情形觀之，有許多產業已轉型爲高科技產業模式，而企業亦皆以創新研發來取得競爭的優勢，強者就能永續發展開拓前景，弱者則將遭淘汰，這是企業競中的鐵律。有句話說：「沒有傳統產業，只有不懂得創新的產業。」即使今天被視爲高科技的產業，若不懂得創新，不久之後也將成爲傳統產業。所以，在一般人認爲的傳統產業中，只要注重創新研發，同樣可以有很大的發展空間，例如，台鹽投入生技產業之研發及捷安特腳踏車之轉型成功……等，都是很受國人肯定的好例子。

　　在全球化的競爭趨勢下，各國對於專利的取得與保護都已相當的重視，近年世界經濟論壇（World Economic Forum）爲強調創新智慧能力強弱對於一個國家未來競爭力的影響，而以各國的「專利獲准數」指標來做爲衡量「國家創新能力」的一項重要指標，若要提昇國家整體及企業的競爭能力，創造技術領先的優勢及取得專利權的保護是一項重要的手段。

　　本書作者將多年來對創新產品研發及專利申請與保護的實務心得與經驗撰寫成書，對於智慧傳承之用心，令人讚佩，其

書中舉例多為本土在地化的實際案例，深入淺出，適合有心從事發明創作者入門的參考資料，盼此書的出版發行能發揮拋磚引玉的作用，鼓勵與推廣全民的發明創作風氣，也希望具有實用價值的發明創作品，大家多多到本局來申請專利，提昇國家整體的競爭力，讓台灣成為真正的科技與創新之島。

經濟部智慧財產局局長

蔡練生

孫序

　　發明與藝術的工作同為追求人類智慧的極限，哪個天馬行空的故事，在發明的角度可能是真的，我們的生活也因此更美好，在充滿對未來希望憧憬的動力急於實現它，集中所有資源努力開發，日以繼夜，享受成功、失敗的過程不容易，但它是人類的極致智慧表現。

　　本書作者完整的詮釋發明的過程細節，最終期望各位發揮您的智慧，落實智慧是財產的觀念，這樣才能厚植國力為下一代打下深厚的基礎。

　　以下是就讀於國中的小女孫愛蕾所寫的一篇文章，充分的詮釋了發明的意境，願與大家共勉。

相信

讓我相信吧　這便是我的潛能　便是極致

不管是哪個偉人的壯舉　哪個天馬行空的故事

暗許自己　在潛意識裡做筆記　定個目標　它便會實現

讓我相信吧　這便是我的潛能　便是極致

我們就是年輕　未來像張白紙　能寫下國父的情操　佛祖的智慧

任憑筆墨　舞成撥墨畫　或楷書

雙手和意識融合成一體　不再想繁複的細節

一如劍道的專注　去做　去創造　去追尋

忽然一閃　極致與成就在交織

回頭　望不見追尋的起點

讓我相信吧　這便是我的潛能　便是極致

巨威生化科技股份有限公司（副董事長兼技術總監）

唐威電子有限公司（總經理）

孫實慶

網址：http://www.tonway.com.tw

團隊研發成果：·獲科技專利件數（200項）

·奈米科技製造權威

·多次榮獲全國發明展金頭腦獎、優良獎

·文復會科技獎（總統獎）

·中小企業創新科技研究獎

·美國匹茲堡國際發明大會金牌

·德國紐倫堡國際發明大會銀牌

黃序

　　台灣的產業已經進入新紀元，任何公司如果沒有產品研發，遲早要被淘汰。在這股潮流下，國內研究所教育近年來也跟著蓬勃發展，國內可說到了滿街都是博碩士頭銜的地步。然而我們的研究所教育在量變的情形下，都較注重專業知識與研發技巧的訓練，許多人似乎認為只要在研究所習得研發技巧與專業知識，就可為產業創造生機。事情是這麼單純嗎？在研發技巧人人都有與專業知識隨處可得的情況下，想要擁有競爭力，唯一的答案就是「創新發明」。很遺憾的，這又是我國高等教育中最欠缺的一環。我始終認為，創新發明並非科技專業者所獨有的才能，只要稍具邏輯推理能力的正常人，都可發明。即使是最簡單的掃地工作，只要用心思索，也會產生許多創意來提昇工作效率，因此人人都具備創新與發明的能力。我個人從事科技研發約三十年，從基礎研究、應用研究到產品開發均有獵涉，對於知識（包括書本上與非書本上的知識）如何轉化成產品讓人類受益的過程，有深刻體驗，深知創新與發明能力的培養攸關我國經濟能否永續繁榮的重要，因此也是我個人後半輩子致力推動的目標。我每天都在思考如何以最簡單且最具效率的方法去解決複雜的問題，也激發並實現過許多至今仍津

津樂道的創意。今將實際的經歷加以整理成本書，描述創新與發明的過程。期許本書讀者能深加體會創新與發明，有所啟發。本書也提供專利創作的法律保護法規資訊，也是深具參考價值。

黃秉鈞

葉序

　　台灣地區天然資源貧乏，只有用之不盡的腦力資源才是台灣最大的資產，而發明創新則是腦力資源的具體展現，由發明進而使其商品化成功致富更是每個發明者的夢想，但是現實的情況又是如何呢？台灣目前的發明環境又是怎樣呢？相信這是很多喜愛創作與發明的人很想瞭解的事情，作者於職務內及職務外專利產品研發案件的經驗超過40件以上，在發明工作上有二十年長期的實務經驗與心得，但這也是一路摸索以時間、精神及體力來換取的，作者深深感覺到這種經驗的取得過程並非是最好的方法，而應該是先傳承與學習他人經驗及心得後，自己再繼續不斷努力深入鑽研前人所未探究的新領域，如此才能後浪推前浪，知識也才能很快的累積和進步，這才是最有效率的好方法，也才可以少走一些冤枉路甚至是走錯路，所謂：「複製別人成功的經驗，是使自己通往成功的最佳捷徑」。也因為台灣目前尚無以本土環境為基礎，用實務指引的方法在發明創作上給發明人很實質協助的工具書。為了讓台灣的讀者能實際瞭解創新發明的方法及在實務上的應用。作者有鑑於此，經過多年的資料整理撰寫成此書，希望能給其他有志從事發明創作的人士多一些參考的資料與經驗的分享，少走一些冤枉路，

能以最有效率的方法創造出最大的知識經濟價值。

　　青年人的創新活力與精神是非常豐富的，然而長久以來台灣因大環境及教育體制之故，對於自我創造力的訓練顯得非常欠缺，尤其在學校中很少教導青年學子如何發明創作與保護應有的權益，進而創造出經濟價值來。其實發明創作是不限男女老少、學歷、經歷的，只要您在生活的周遭多加留意及用心，隨時都可得到很好的創意點子，再將實用的創意點子加以具體化實踐即可成為發明作品，說穿了就是如此簡單。例如，前幾年日本的一位家庭主婦洗衣時發覺洗衣機裡常有衣服的棉絮而洗衣機無法濾除乾淨使得洗衣效果大打折扣，於是經過細心思考研究後發明了一種洗衣機專用的濾網，上市後一年就售出了近五百萬個。另一位女士則發明了可減肥塑身的無跟拖鞋（健康鞋）上市短短約半年內就大賣三百多萬雙，而台灣有位吳女士發明了可自動開傘和自動收折的魔術二折傘，為下雨天開車的人帶來很大的方便，一年外銷歐美各國也有幾百萬支。最近也有位林先生則發明了震動式保險套，一年外銷出貨到世界各國數量幾千萬個。由此可見，發明的點子就在我們生活的四周，只要能符合生活的需求，就會有市場經濟價值存在，更可使發明者名利雙收。

　　由於本書是屬實務性質的工具書，儘量捨棄艱深的用詞，以平實的語法敘述，即使是發明界的門外漢也很容易閱讀並建

立正確的觀念，故非常適合各界人士參考及做爲學校理、工科系學生的教材，讓每個學生都懂得如何發明創作與保護應有權益，對日後的創作之路有莫大的助益。

總歸本書的特色有下列幾項：

1. 本書架構完整，由創作靈感開始，到如何商品化成功及可尋求協助機構的聯絡資料做全程的實務介紹。

2. 本書主要以台灣本土的發明環境爲主體撰寫而成，故甚具實務參考價值。

3. 導入最新專利法修正法令概念編彙書中內容。

4. 附錄中完整蒐集發明人所必備的重要相關參考資料。

5. 可做爲喜愛發明創作者的工具書及在學學生的教材，對日後的創作之路有莫大的助益。

本書的出版希望能爲有心從事發明創作的人士有所助益，且期盼能引領更多的朋友進入這個樂趣無窮的領域中，爲人類的文明與便利一起努力。由於個人所學有限，如書中有所疏漏之處，還請諸位同好及前輩不吝指教，以爲將來修訂之寶貴資料，則感幸甚。

葉忠福

目錄

PART3　法規篇　129

PART4　附錄　187

PART 1
概念篇

1.01 發明與文明

　　人類生活的不斷進步與便利，依靠的就是有一大群人不停的在各種領域中研究創新發明，目前全世界約十秒鐘就有一項創新的專利申請案產生，光是台灣地區一年就有超過6萬多件專利申請送審案件，全世界每天都有無數的創新與發明促成了今日社會的文明，別小看一個不起眼天馬行空的構想，一旦實現，可能會改變全人類的生活，例如，現在每個人都會使用到的迴紋針就是發明者在等公共汽車時無聊，隨手拿起鐵絲把玩，在無意中所發明的，雖是小小的創意發明卻能帶給人們無盡的生活便利。所以「發明創造」對人類而言實在是一種無上的慈悲與功德，且影響層面是既深又遠。

　　然而今天的全球大環境競爭激烈，對於發明創造則須具備更多的人力、財力、物力及相關的知識等多方面的資源整合，尤其是當只有自己一個人，人單力薄，資金與技術資源又相當有限，尋求外界協助不易，對於專利法規若又是一竅不通，此時即使有滿腦子的構思，終究也難以實現。所以有正確的發明方法及知識，才能很有效率的實踐自己的創意與夢想，同時帶給人類更進一步的文明新境界。

1.02 發明來自於需求

　　所謂「需求為發明之母」，大部分具有實用性的發明作品都是來自於有實際的「需求」，而非來自於為發明而發明的作品。在以往實際的專利申請發明作品中不難發現有很多是為發明而發明的作品，這些作品經常是華而不實，要不然就是畫蛇添足，可說創意有餘而實用性不佳。

　　創造發明的作品最好是來自於「需求」，因為有了需求即表示作品容易被市場所接受，日後在市場行銷推廣上會容易得多，這些道理都很簡單似乎大家都懂，但是問題就在於如何發現需求，這就需要看每個人對待事物的敏感度了，正所謂「處處用心皆學問」，其實只要掌握何處有需求、需求是什麼，在每個有待解決的困難或問題或不方便的背後就是一項需求，只要我們對每個身邊事物的困難或問題或不方便之處多加用心觀察，必定會很容易找到「需求」在哪裡，當然發明創作的機會也就出現了。也有人開玩笑的說：「懶惰為發明之父」，對發明創造而言，人類凡事想要追求便利的這種「懶惰」天性和相對的「需求」渴望，其實只是一體的兩面。

　　例如，早期的電視機，想要看別的頻道時，必須人走到電視機前用手去轉頻道鈕，人們覺得很不方便，於是就有了「需

求」，這個需求就是最好能坐在椅子上看電視，不須起身就能轉換頻道，欣賞愛看的節目，當有了這樣的需求，於是發明電視遙控器的機會就來了，所以現在的電視機每台都會附有遙控器，已解決了早期的不便之處。又如現今汽車的普及，差不多每家都有汽車為代步工具，大家都覺得夏天汽車在大太陽的照射下，不用多久的時間，車箱內的溫度就如烤箱般熱呼呼的，剛進入要開車時，實在是很難受的一件事，若能有人依這種「需求」而來發明一種車箱內降溫的技術，而且產品價格便宜、安裝容易、耐用不故障，必定市場會很容易就接受這種好的產品，而為發明人帶來無限的商機。這種「供」、「需」的關係其實就是「需求」與「發明」的關係。

你（妳）今天所遇到的困難、問題、不方便是什麼呢？想一想吧！你（妳）有什麼新發現呢？

1.03 發明家的人格特質

十八世紀時的瑞士物理學家金默曼的名言：「不瞭解自己的人不會成功。」，在二十一世紀的今天仍然彌足珍貴，一個人如能清楚瞭解自己的人格特質，則對於判別自己是否適合於從事發明研究創新的工作，會有很大助益。

　　美國的學者阿爾巴穆（Dr. Albaum）教授曾經做過發明家人格特質的研究，其研究結果顯示，這些發明家在「基本心理特質」方面，其為對各種障礙的情緒反應很強烈，對於排除障礙也非常積極，不滿現狀激動的情緒喚起了他們的整個神經系統和意志，因而促進了各種觀念間之重整與組合，如此的現象再加上發明家的革新態度、毅力及執行能力，便促成了他們的各種發明成就。而在「行為特質」方面，其為具有創新創造力、耐心毅力、想像力、分析力、做事有衝勁、爆發力及勇氣、主觀性強，但卻較缺少經營管理的能力與人際事務的活動性。總而言之，這些發明家最大的特質就是具有創新與創造性，對於環境中的各種缺點勇於提出各式各樣建議，且會是具有建設性的，他們更具有決心毅力和勇氣去克服各種缺點及困難。

　　日本的學者高橋順原教授，也曾對日本國內的發明家做過人格特質的研究調查，其研究結果顯示這些發明家的人格特質與非發明者的比較上更具有濃厚的個人主義色彩、富於情緒反應、處事熱忱、內心坦白、熱心公益、愛冒險、行為特異獨立、不夠謹慎而衝動行事的特質，但其動機大多為進取心與好奇心過強所致、極具創新的行為等。另一方面也顯示了發明者較具苦幹實幹的精神、做事有目的感及責任感，也較能臨機應變等的人格特質。

　　在台灣的發明家身上大致也可以發現上述的人格特質，台

灣本地的學者陳昭儀教授也曾對台灣的發明家做過研究，其結果發現這些發明家的人格特質為具有創意、具好奇心、反應靈敏、努力工作、有自信、喜歡激發腦力、執行力強、有變通性、貫徹實施、追求成就、喜歡突破、樂觀奮鬥、積極進取，這些都是很積極正面的人格特質。

在發明家的智商（IQ）方面，也許很多人認為發明家的智商一定都很高，其實不然，有許多針對發明家智商的測驗都顯示發明家的智商與發明成就並非一定成正比狀態，而其影響較為明顯的是人格的特質（性格）而非智商，這就顯示了智商在發明創造上並非占很重要的地位，一般而言，發明創造所須的智商只要中等以上即可以有不錯的表現，所以智商的高低並非是絕對的條件，但是這也要看發明品的技術層次而定，若是屬於中低技術層次的發明品（如簡單的創意發明或較為表面屬性的改良研發），就不須要依靠太高的智商也能完成，若為高科技方面的發明，則有較高的智商者對於發明時技術的研究與工作的進行的確是有較大幫助的。

另外，在發明家的發明動機裡，喜愛創造、希望改善現狀、成就感、經濟誘因等都是發明的重要動機，發明家們能在發明創造的歷程中得到成就感與興奮的滿足感，使得發明家樂在其中，而能不斷地去尋求新的發明題材，以期待不斷地獲得這種成就感與興奮的滿足感。而經濟誘因也是主要的動機，因

為發明者也總是希望創作品能在市場上為他們賺進經濟上的實質利益。❶～❸

1.04 發明的道德觀

　　也許有人會問發明與道德有什麼關係呢？當我們回顧這百年來人類物質文明的發展歷程中，會發現我們人類曾發明了一些現在認為不該發明的東西，例如，會嚴重破壞大氣臭氧層而使紫外線大量進入地表導致人類皮膚癌大幅增加的氟氯碳化物（CFC），及具有人類自我毀滅威力的戰爭武器如氫彈、核子彈、中子彈及生化類武器等許許多多用來毀滅別人甚至殃及自己的發明，又如會強力致癌的物質殺蟲劑DDT的發明及現在的基因改造食品與目前正在進行研究的生物複製技術，有很多的新發明在剛開始研究之初並沒有想到日後對人類甚至是地球永續的生存長期負面的影響，所以一個發明人當要研究發明某一種東西時，一定要將眼光放遠，用心思索這種產品技術的發明在大的方面會不會對人類及地球環境永續的平衡發展產生負面的危害，在小的方面甚至要思考一下會不會對社會治安、善良風俗產生不良的影響。例如，我們的發明動機不應存心去研究如何入侵別人的電腦系統，破壞Internet網路使用安全，甚至故

意從事犯罪行為，或去研究如何印製幾可亂真的假鈔，或去研究如何製造出更強的毒品迷幻藥、槍械炸彈等事情。而在最近實際的案例中，如2004年8月間警方破獲一位留學加拿大回國的碩士，竟然研發出獨門技術，製造具有杏仁口味的K他命毒品來販賣，這種新產品因吸食時不嗆不辣且有杏仁的香味而大受吸毒者的喜愛，但這種違法行為終究還是被警方查獲了。於2001年11月間電視新聞也報導了彰化縣的某大學企管系的三名學生，被警方查獲在宿舍中印製大量幾可亂真的假鈔及製造K他命毒品等不法的行為，而且這幾名學生還很有研究的精神，都將這些不法行為的製造技術寫了完整的研究報告及缺點的改進技術方法，只不過聰明才智用錯地方，以致毀了自己大好的前途。在這之前，台灣也曾發生有位大學的化學系講師，利用學校的化學實驗室設備，來研究製造安非他命等毒品販售圖利，而被警方查獲逮捕的事件。

　　一個優秀的發明人應該建立有良好的社會道德觀，所做的創作發明技術，應該也是對人類社會的福祉及地球環境的永續生存發展有正面貢獻意義的，而非應用自己的聰明才智去危害社會。

1.05 不要輕忽學生的專題研究製作

　　台灣前幾年有個案例，桃園縣元智大學的幾位學生在課程上需要論文研究，因這幾位學生想不出做什麼主題比較好，所以和指導老師商討題目，經一番討論後老師建議學生可做汽車車牌號碼的自動辨識系統，汽車只要行經路口透過攝影機鏡頭攝錄到車牌，經電腦判別就能馬上辨識出這個車牌是幾號。若依一般學校老師及學生的作法，可能是當這個專題實驗及報告完成後，就將這份專題報告「束之高閣」，就此結束了。但這位指導老師和學生卻想到如何實際的去應用這個技術，這種自動辨識系統應可用於停車場的收費管理及車輛的防竊上，甚至是可裝於各重要路口過濾贓車、快速通報警網追捕等用途，於是去申請專利，並積極的參加許多發表會及展覽會，有一次有位來自日本專門做停車場管理系統產品的商人來參觀，發現這個自動辨識系統比當時日本的所有類似產品的辨識精確度都要來得優良且判別速度很快，價格又便宜很多，於是就下訂單訂購很多套這種系統，這一筆交易就已經是一份大訂單了，為了生產這項產品，老師去找工廠合作製造，後來台灣本地的停車場也漸漸採用這種收費系統，所以我們現在開車去計費停車場停時，有些停車場能在車輛一到入口取入場票根時，票根上就已

自動印上您的車牌號碼，當出停車場時，電腦就自動計算您的停車時間並告知您須繳多少停車費。如有歹徒來竊車，這時插入的票根會因非入場的原票根，出口柵門就無法打開，管理員就會馬上出來處理，於是歹徒就比較不敢去這種停車場竊車。依電視新聞報導，警政署也於2003年8月起在幾個重要路口開始測試導入這類系統，只須0.6秒的時間就能辨識出是否為贓車，若成效良好，將正式導入全國連線啟用，希望能改善台灣每年約24萬輛的汽機車高失竊率。這項自動辨識系統的技術目前實際應用的成效相當不錯，由於這位老師的興趣主要還是在於做研究和教導學生，較無興趣在做生意上，所以將這項技術以數千萬新台幣賣給廠商繼續去推廣，其所得利益為學校及這個案子的其他參與者分享，然後在學校繼續研究其他的創作，希望能再有好的作品出現。以此案為例便知，只要具有創新性、市場的作品，即使是老師與學生的專研，都是可以創造出商業化產品的。

　　2004年4月新聞報導，台灣大學電機系也發表了他們的研究成果，這群師生所研究成功的一項影音資料壓縮技術能導入手機使用，大幅改進手機傳送速度太慢的缺點，此項技術能使以後的手機皆可做影音電話使用，而不會有影像停格的現象，也可如記者使用的SNG設備，做現場即時報導的影音效果，只要一支小小的手機，使得人人都能成為現場記者。該技術取得20

多項的專利權，技術領先獨步全球，預估每年商機在100億元新台幣以上，目前已將技術轉移給廠商進行實際的商品開發，並獲得3,000萬元新台幣的權利金。

現在普遍用於男生廁所的紅外線感應自動沖水器，其實也是台灣人發明的，他是目前傑出發明家兼企業家的鄧鴻吉先生，在二十多年前他還在就讀高二時就發明了此項裝置，並獲准了專利權，這項發明被某衛生設備大廠看上了，覺得非常有市場潛力，鄧鴻吉就以新台幣150萬元將專利權讓給這家衛生設備大廠，事後證明了這項發明的商機無限，現在這項裝置在世界各國已是普遍使用的衛生設備了。

2004年6月屏東縣林邊國中的四名學生在指導老師的協助下，研究以自然方法消滅蟑螂，在不斷地觀察及研究下發現，可由母蟑螂的賀爾蒙分泌來做控制，讓母蟑螂不會吸引公蟑螂來交配，就不會繁殖下一代，而達到自然滅蟑的效果，這項發現可供殺蟲劑製造商用來發展不具毒性更環保的滅蟑劑，以降低目前一般殺蟲劑對環境及人體的危害。

另外在中國大陸2003年清華大學附設中學有位名叫楊光的高一學生發明了「氣動馬桶」，只需用原三分之一的水量，就能把馬桶裡的污物沖洗的一乾二淨，可說非常節省水資源，不但有專利代理公司願意免費為這位學生申請專利，更有多家商業公司看好這項新發明的商品價值，正積極與這名學生洽商專利

權買賣事宜，爭相希望能取得這項專利的商品開發權。

再舉例美國著名的史丹佛大學（Stanford University）的研究授權成果，有一項關於基因重組的生技專利 "Cohen-Boyer Recombinant DNA"，這項專利於1996年即獲得了5,300萬美元的專利授權金，其所得利益三分之一歸此項研究計畫的政府原資助機構，三分之一歸校方，三分之一則歸屬於創作人。

由以上眾多實際案子可見，一個好的創意如果能在實際的應用面用心的去推廣，其實是有很大的成功機會的，目前台灣的高中、專科、學院及大學數量都相當多，理工科系學生的人數更是驚人，校內的實驗設備及儀器其實也都很齊全，應該好好運用，以發揮這些高額購置的設備儀器，使其產生更高效益出來才對，以免白白浪費這些寶貴的設備資源。

若能由學生本身或指導老師協助把這些的專題創作加以過濾，再充分運用校內設備進行研發，取出有實際應用價值的創作，真正加以「有效推廣」，相信光是台灣一年由老師及學生身上所能帶來的知識經濟價值就相當可觀了。筆者寫此書的一個重要目的即在此，希望能鼓勵大家將自己有實際應用價值的創作，大膽又正確的推向市場以造福社會。

1.06 如何培養創造力？

在二十世紀，美國的許多創造學者認為，創造力的形成要素中部分是先天遺傳的，部分是後天的磨練出來的，也就是說先天和後天交互影響的結果。而絕大部分是受後天的影響居多，基本上每個人都有潛在的創造力，只是有待開發出來而已。很多人以為發明創造是專家、教授學者們才辦得到的事，但依照過去實際的情況都證實這種觀念並不正確。雖然學者專家有滿腹的經綸，擁有一肚子的墨水，但知識不能活用與創新而終身無所創作之人也不在少數。是故我們稱此類的學者專家為「知識的傳承者」，而能創新的人我們則可稱之為「知識的創造者」。可見創造力與學業成就並無太大的關係。世界上許多赫赫有名的科學家或發明家在學校裡的求學過程中大多有一些痛苦的經驗或糗事，如愛因斯坦考了三次大學才被錄取，牛頓也曾被老師視為愚笨的兒童，愛迪生上學不到四個月就因無法適應學校的教學方式而被迫退學，達爾文也曾被校長譏笑為不可造就的人，蘇格蘭著名的歷史學家兼詩人——渥德·司格特（Walter Scott），也曾經是學校成績最後的人，美國偉大的電話發明家貝爾年少時不但智力表現平平且很貪玩、愛惡作劇。

創造力人人都能培養，但並非一蹴可及，而是須經過長時

間的習慣養成與落實於日常生活中，如此才能真正出現成效，依據許多心理學家的研究結果，及探索以往富有創造性的發明家或科學家的成長背景，不難發現，他們有共同的成長背景因素，如加以歸納整理必可發現培養創造力的有效方法。

激發好奇心

「好奇」是人類的天性，人類的創造力起源於好奇心，居里夫人說：「好奇心是人類的第一美德」，但是一個人有了好奇心並不一定就能成大器，必須還要再加上汗水的付出、不斷地努力去實踐與求證的毅力才行。好奇心就像一顆大樹的種子，有了這顆種子若沒有陽光的照射及辛勤的水分灌溉及施肥，它是沒有辦法長成大樹的，所以我們不只要種下好奇心的這顆種子，更要耐心的灌溉。

營造輕鬆的創造環境

輕鬆的學習環境或工作環境能催化人的創造性思維，雖然人在處於高度精神壓力之下也有集中意志、激發創意的效果，但這只是短期的現象。若人在長期的高度精神壓力之下，對於創造力的產生反倒是有負面的影響，以常態性而言，在較為輕鬆的環境之下，人更容易產生具有創造性的思維，所以我們可

以發現目前在台灣有很多高科技的公司，在公司裡都有規劃一些富有人文藝術氣息的公共空間或休息場所，可以讓公司人員能在此放鬆心情以激發創意。

突顯非智力因素的作用與認知

什麼是非智力因素呢？舉凡意志力、承受挫折能力、抗壓性、熱情、興趣、人格特質……等，排除智力因素外的其他因子影響人的認知心理因素都稱為非智力因素。在心理學的研究裡顯示一個人的成就，智力因素大約只占了20％左右，而非智力因素所占的比重約高達80％，所以創造力的培養更應著重於非智力的種種因素上，應有此認知。

培養獨立思考及分析問題、解決問題的能力

培養個人的獨立思考能力是不可缺少的重要一環，若做事都是依賴他人的指示或決定去做，無法自己去分析問題與尋求解決之道，則使創造心理逐漸被淡化，反而養成依賴心理。

養成隨時觀察環境及事物的敏感性

「創造」通常都須要運用自己已知的知識或經驗再利用聯想

力（想像力）來加工產生的，簡言之，即事物在組合中變化，在變化中產生新事物，也就是說「已知的知識及經驗是創造力的原料」，而觀察力卻又是吸收累積知識與經驗的必備條件，所以有了敏銳的觀察力就能快速的累積知識及經驗，也就能保有充足的創造力原料。

 ## 培養追根究底的習慣

宇宙之間的事理與物理浩瀚無窮，人類累積的知識並不完美，至今仍是非常有限的，從事研究創新工作時必須依靠追根究底的精神，才能探求真理、發現新知。

 ## 培養創造的動機與實踐的行動力

一般大家所常說的創造意識，指的就是主動的想要去創造的慾望及自覺性，而希望改善現狀與成就感都是產生創造意識的重要動機。對某事有強烈的動機，在一個人的成功因素裡，可能比其他的才華更重要，創造也是如此，沒有創造的動機和慾望的人，創造力是無法維持的，所以激發創造意識及動機至為關鍵。另一方面，實踐的行動力也甚為重要，若無實踐的行動力則一切將流於空談無所成果。

除上述的各種培養方法之外，針對在學學生的培育方面更

有些積極的方法及引導方向，如：積極引導培養學生創造的興趣、珍惜學生的好奇心與尊重所提看似愚蠢的問題或看似無厘頭天馬行空的創意、鼓勵學生敢於去實做、鼓勵學生多思敢問且大膽而合理地懷疑、鼓勵勇於表達獨自的思想、激發創造性思維與肯定學生超常思維，以培養發展思維的獨特性、變通性及流暢性……等，這些都是值得好好用心培養的方向。❹、❺

1.07 創新發明的原理與過程

或許很多人認為創新與發明能力是天生的，無法後天培養。事實不然，說穿了，創新與發明只不過是一種各類知識的組合與運用而已，因此是可以訓練到某種程度的。

發明始於需求，根據需求並運用知識在有限條件下思索出解決方法，就形成創意。創新發明過程分成構思與執行兩階段，構思過程（**圖1-1**）就是根據需求，運用知識，並在有限條件下思索解決方法，以形成一個創意。執行過程就是將所獲得的創意，運用工程設計、硬體製作與相關技術知識等，實際變成一個可展現功能的成品。

構思過程屬腦部「認知」過程，所形成之創意受「知識庫」、「限制條件」和「思考方法」左右。「知識庫」包含常

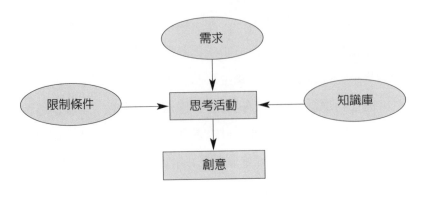

圖1-1　創意之構思過程

識、邏輯、科學原理……等；「限制條件」包括成本、可靠度、空間、時間……等。

「思考方法」則是一種腦部思考活動，透過思考技巧（想像力發揮）與概念合成方法，在知識庫中找尋達成需求的各種可能運用的知識，並在限制條件下透過評價，整合出最佳的方法，便形成創意。我們可以用一個簡單例子來描述創意如何形成。

例如，針對「將一個玻璃杯內裝滿的水全部移出」這樣一項需求，但包含有兩個限制條件（一、玻璃杯不可傾斜；二、玻璃杯不能打破）。我們便可以先到知識庫中找尋與命題（水移出杯中）相關，並符合限制條件的知識（屬於「水的傳輸」知識），便可以得到下列方法：

方法一：使用吸管將水吸出

方法二：吹風使水流出

方法三：使用清潔劑，使水變成泡沫流出

方法四：使用破布、棉花或衛生紙利用毛細現象吸出

方法五：加熱或煮沸使水蒸發

方法六：冷凍後取出

方法七：利用離心力使杯子旋轉

方法八：投入砂子以排出水

方法九：使用海棉或固體吸收劑

方法十：吹乾燥過的空氣使水蒸發

方法十一：用真空吸塵器吸出

方法十二：找一隻很渴的狗來喝

方法十三：用一具泵抽出

然後，我們再進一步根據各種可行方法進行組合，便可以得到下列不同創意：

創意一：使用吸管將水吸出（方法一），再吹乾燥過的空氣使殘餘水蒸發（方法十）

創意二：吹送乾燥過的空氣使水流出，同時蒸發殘餘水（方法二與方法十之合成）

　　創新發明之過程（如**圖**1-2所示），在構思時所採用的知識庫通常包含一般常人所具備的常識與邏輯判斷，並不一定要包含專業知識（科學原理），因此創新發明並非專業者的專屬，一般人也可以運用生活常識與行事邏輯，進行發明。凡運用到專業科學原理的發明，頂多稱之為「專業發明」罷了。許多偉大的發明，並不一定屬於專業發明。由是觀之，創新發明只是一種各類知識的運用與組合而已，是可以訓練到某種程度的。因此每個人都有創新能力。

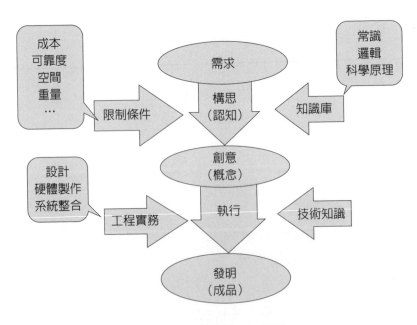

圖1-2　創新發明之過程

　　但是我們也要記得，光有創意還不夠，必須將創意實現變成一個成品才算完成發明，否則只不過是半調子發明而已。然而，在執行過程中，如何巧妙運用設計、硬體製作與相關技術知識等手段，以經濟有效地將創意轉變成一個可展現功能的成品，在這個過程中便可能再產生出一些更新的創意來。有些很好的創意，雖然在學理上證明可行，甚至取得專利，但在執行過程中因欠缺設計與製作創意，仍然無法實現，這類專利只能算是「半發明」而已。

1.08 困境能激發發明創造的動力

　　英國的名作家喬治摩爾（George Moore）說：「窮困時創造力毅力是我們的好友，但富裕時它卻棄我而遠去。」我們東方人也常說：「窮則變，變則通」。當人在逆境中有被逼迫的感覺時，常有一些急中生智的情況產生，也就是說在困頓中的逼迫感，能激發智慧產生創意，來試圖脫困。

　　另外由許多白手起家的發明家、企業家或成就非凡的各行業頂尖人物的過去經歷或童年生活來觀察，很多是由困境中走出來的，在困難的環境中能鍛鍊一個人的耐心、決心、刻苦的意志力等，其對於挫折的承受能力會有很大的提昇，而能成為

愈挫愈勇的人格，真正的發明家就是需要這種人格特質，故常有人用「吃苦當做在吃補」這句話來自我勉勵。

從醫學的觀點來看，很多的研究結果都顯示，人在受逼的緊張時刻，無論是甲狀腺素或腎上腺素都會急速上升，神經顯得抗奮，大腦活動也會比平常顯著的活躍，當一個人所面對的問題困難迫在眉睫，時空距離的壓迫感會大為縮短，人們的注意力也更易於集中，人們的神經一緊張起來時，就會處於一種抗奮又積極的狀態，如此會促使人們強化尋求創新的動機與解決問題對策的思考，這時就能發揮最大的聰明智慧與潛能，想得出來的點子也特別多，也更容易充分利用現有的周遭資源條件來找尋問題解決之道。所以當人們遭遇到困難時，可多加運用人類的這種潛能激發創造力，想出排除困難的對策去執行，必能將面對的所有困境化危機為轉機。

1.09 歪打正著妙發明

在我們日常生活中所用的很多東西，在發明的當時其實並不是有意的去研究而創造出來的，而是陰錯陽差、歪打正著所產生的，至於歪打正著又能成功的關鍵就在於「能否從失敗的經驗結果中發現它的新用途」。這一種「無心插柳柳成蔭」的事

情在人類的發明史上也占了相當重要的一部分，現在醫藥界熱賣的威而剛壯陽藥其實原本是研發來治療心血管疾病的。

再舉幾個例子來說，比如我們常用的電鍋中雙金屬電源開關和不怕折能自動恢復原狀的記憶合金眼鏡耳架，這種具記憶特性的雙金屬材料的誕生和新用途的發現，是在1962年服務於美國海軍武器研究室的金屬專家——比勒，當時因研究工作所需，要使用到鎳鈦合金絲，所以到倉庫取出鎳鈦合金絲放在工作室的角落未立即去使用，過了幾天當比勒要使用時卻發現這些合金絲每根都呈現彎曲狀，沒有一根是直的，比勒記得他從倉庫取出時都是直的，為什麼現在會全變成彎曲狀呢？後來比勒發現放合金絲的角落有台電熱爐，這地方周圍的溫度特別的熱，所以直覺的認知合金絲的形狀變化一定和溫度的冷熱有關，於是又從倉庫中取出直的合金絲放在酒精燈上加熱實驗，果然合金絲因受熱馬上彎曲起來，放置冷卻後又能恢復原狀，後來又發現除了鎳鈦合金外，銀鎘、鎳鋁、銅鋅合金等都具有此種溫度記憶的特性，這種記憶特性的材料後來除了應用於民生用品上，也被製成特殊的機械接頭扣件，當在較低溫時，接頭能緊扣在一起絕不脫落，而在常溫下又能自動恢復鬆開的原狀，此又應用到海軍F-18大黃蜂及F-14熊貓式的戰鬥機上。

杜邦公司的鐵弗隆發明也是個有趣的例子，1930年代杜邦的工程師們正在開發新的冰箱制冷劑（冷媒），有一天工程師忘

了將實驗品的四氟乙烯桶子鎖好收藏起來，於是桶內的氣體慢慢蒸發而聚合起來成了固體，過了幾天工程師發現桶內的四氟乙烯固化而成為聚四氟乙烯，也就是現今我們所稱的鐵弗隆，這項因作業失誤所產生的非預期結果相關的經驗資料檔案曾被封存多年，沒人去特別注意，由於鐵弗隆具有無毒、耐高溫、耐磨、防腐、絕緣、密封、表面光滑、防黏的特性，後來無意間被其他的工程師發現它的新用途，直到今天已經被廣泛的應用在不沾鍋廚房用品、汽車零組件、醫療器材……等方面，也為杜邦公司創造了可觀的產品營業利潤。

　　3M公司的便利貼也是誤打誤撞發明出來的例子，3M公司的黏合劑研發部工程師席爾巴本來是要研發超強黏著力的黏膠，無奈在經過多次的實驗結果都失敗了，黏膠一黏很容易的就被撕下來，黏著力一點都不強，覺得它一點用處也沒有。而他的同事福萊每次在上教堂時都覺得夾在讚美詩歌本上的書籤很容易就掉下來，如果有一種便利貼也便利撕又不會破壞書本的貼紙那該有多好，於是他靈機一動，想到他的同事席爾巴的失敗研發黏膠，剛好具有這種特性，就拿來使用看看，果然效果令人很滿意，後來3M公司就依此市場需求製造了便利貼，現在差不多每個辦公室或家裡都能見到這種方便的黃色小貼紙，雖然只是小小一片卻能帶給人們無限方便。

　　所以發明人不必為發明過程中的失敗而感到懊惱，每一次

失敗的經驗都可能是另一次成功的起點，只要我們多用心去思索從失敗的產品中是否能發現新的用途，解決以前從未想到的某些問題，或許就因這樣而創造了新的發明奇蹟。

1.10 善用已有的知識和經驗

對發明人而言，隨時吸收新的知識是非常重要的一件事，常言道：「今日的傳統是因有昨日的創新，而今日的創新也將成為明日的傳統。」故想要在明日有所創新必定要會善用今日已有的知識和經驗，在不斷推陳出新的歷程中，物質文明才能永續的進步及便利。生活在忙碌工商社會的現代人，大家都有豐厚的做事幹勁，但卻普遍缺乏想像力，其實利用事物的聯想來產生創意是個很好的方法，任何的事物皆可引發豐富的聯想，再將聯想中的事物做共通處歸納整理及比較差異，經常可讓我們得到一些有價值的創意啟發。

如何善用已有的知識和經驗來得到創意啟發呢？美國哈佛大學Amar Bhide教授曾做過的研究調查顯示，71%的成功創新案例都是透過複製或修正先前的工作經驗及已有的知識而來的。以聽診器的發明為例來說，現在醫生所用的聽診器最早是由一位叫雷諾克的醫生發明的，當時的醫生在為病患看診時，皆須

以耳朵貼在病患的胸前、胸後來聽內臟、心跳、呼吸等聲音以利診斷病情，雷諾克醫生遇到的問題就是病患若為女性時，他這樣以耳朵貼在女性病患胸前、胸後聽來聽去，心裡實在覺得非常難為情不好意思，心裡想若有一種聽診的工具可代替以耳朵貼胸的聽診方式，那對女性病患而言將是多一層性別尊重的意義，於是就想到自己小時候在玩蹺蹺板時，曾經以耳朵貼在蹺蹺板的一端，聽著玩伴在另一端用小石頭敲擊的聲音，而且聲音聽來非常的清楚，他就利用這個經驗及聯想力拿了竹筒及皮管製作成了最原始的聽診器，因為此聽診器對女性病患多了一層的尊重，因此女性病患都較願意到他的診所看病，也讓診所建立了良好的口碑。這樣的聽診器經不斷的改良後就成了今日每個醫生的隨身聽診配備了，而且這項發明目前不僅醫生在用，就連工程界也常拿來用於聽取判斷機械結構噪音產生的來源元件之用途。

1.11 不是只有天才才能發明

愛迪生說：「發明是靠一分的天才，加上九十九分的努力」，其實「天才出於勤奮」。他一天只睡四個小時，而且時常睡在工作室裡沒有回家，因為他說這樣可節省往返的時間多做

些實驗。愛迪生也是一個非常講求實際效果的人，絕不空談理論，曾有一次一群大學生到他的實驗室參觀，他興致一來想考一考這群大學生，於是拿出了一個燈泡，問這群參觀的同學：「誰能告訴我這個燈泡的容積有多少呀？」於是同學們拿起紙筆，有的用微分去算，有的用積分去算，有的不知道該怎麼算，結果大夥人算了很久答案還是不清不楚。後來他告訴這群同學要知道這個答案其實很簡單，只要用一分鐘做個實驗就可知道，於是他拿了一個裝滿水的杯子將燈泡放入水中，把溢流出來的水用量杯蒐集起來，再看看量杯的刻度就找到答案了，這就是理論與實際的差別。他向這群同學們強調一個觀念：其實做事情遇到的問題大部分都是可以用很簡單、實際的方法就能去克服困難的，只是我們時常把問題想像得太難了，或用了太複雜又不實際的方法，所以不易得到解答。這群同學聽了之後都十分佩服愛迪生。

而「發明」也並非如一般人刻板印象中的那麼困難與神祕，它是可以透過學習，以正確的創作歷程及正確的態度做為起始，靠按部就班的作法而可達到一定的發明創作水平。

在學習正確的創作歷程與態度中應掌握下列幾項重點：

1. 發現需求：要去瞭解想要創作的東西是否有其實用性與市場在哪裡。

2. 掌握創意的產生及訣竅：在發明的過程中，這是很重要的

一項。

3.善用已有的知識：善用已有的知識加以變化及整合，便會
有所創新。

4.道德的考量：應將創意用於正途之上，勿傷害這個社會。

5.避免重複發明：必須明確的蒐集與查詢現有的專利資料情
報，以免徒勞無功白忙一場。

6.行動：別光說不練，要腳踏實地的去做。

若能掌握以上幾項重點，你的發明之路差不多就已經成功
一半了。

1.12 發明並非實驗室才能做

從古至今不論中外，世界上很多偉大的及實用的發明，大
都並非由大企業或學校等研究機構的實驗室而來的，反而是由
生活的體驗中得到靈感與驗證的案例為多，如旋轉式刀頭的刮
鬍刀，發明者是由腳踏車車輪的轉動所得到的靈感而創作出來
的，而測量物質比重的阿基米德原理這個偉大發明，卻是由泡
澡的浴池中觀察溢流出的水量所發現與得到驗證的。所以想要
發明出好的東西並不一定要有很好的設備及場所，重要的反而
是要有敏銳的觀察力與豐富的想像力，擁有完整的實驗設備固

然很好，因爲很多想法可很快的得到驗證，但沒有完善設備的發明人，也不須氣餒，因爲有敏銳的觀察力與豐富的想像力才是最重要的。在本書的實務篇當中也會介紹給讀者在台灣這個發明環境中，如何去應用身邊的各種資源來協助大家創作與解決遇到的困難。

　　一般人常會以爲發明新的東西，是科學家或研究人員工程師們的事情，不是一般大衆可做的，其實這是一個不正確的概念，因爲只要去瞭解一下實際的發明案例，必然會發現其實並不是那麼難的事，只要多留意及觀察，我們身邊其實就有很多有待發明的事物存在。

1.13 創意的產生及訣竅

　　每一個人除了在各個專業領域所遇到的瓶頸外，在生活當中也一定都會遇到困難或感到不方便的事項，在此時正好就是產生創意思考去解決問題的時機，然而發明家不只在想辦法解決自己所遇到的困難，更能去幫別人解決更多的問題，尤其當創意是有經濟價值的誘因時，從一個創意產生到可行性評估再到實際去實踐是須要一些訣竅的，以下先將一些創意的產生訣竅及方法提供讀者參考。

從即有的商品中取得靈感

　　可經常到國內外的各種商品專賣店或展覽會場中尋找靈感，由各家所設計的產品去觀察、比較、分析看看是否有哪方面的缺點是大家所沒有解決的，或是可以怎樣設計出更好的功能，再加上下列所提的各種方法去應用，相信要產生有價值的發明創意並不困難。

掌握創作靈感的訣竅

　　隨身攜帶筆記本，一有創作靈感就隨時摘錄下來，這是全世界的發明家最慣用而且非常有效的訣竅，每個人在生活及學習的歷程中不斷地在累積經驗，這些看似不起眼的經驗或許正是靈感的來源，而靈感在人類的大腦中常是過時即忘，醫學專家指出，這種靈感快閃呈現大多在大腦中停留的時間極為短促，通常只有數秒至數十秒之間而已，真的是過時即忘，若不即刻給予記錄下來，唯恐會錯過許多很好的靈感，就像很多的歌手或詞曲創作者一樣，當靈感一來時，即使是在三更半夜也會馬上起床坐到鋼琴前面趕快將靈感記錄下來，其實發明靈感也是相同的。而且當你運筆記錄之時常又會引出新的靈感，這種連鎖的反應是最有效的創作靈感取得方法，大家不妨一試。

　　另外善用潛意識，也是個很好的方法，相信大多數人都有這種經驗，當遇到問題或困難，無法解決想不出辦法時，先去吃個飯或看個電影或小睡片刻，將人轉移到另一種情境裡，時常就這樣想出解決問題的方法，這就是我們人類大腦潛意識神奇的效果。

腦力激盪

　　這個方法也是發明家們最常用的訣竅之一，由筆記所摘錄的靈感中，一再經由系統化的反向思考、整理整合、反轉應用等的腦力激盪探究後必定會有更好的構思。

▶▶反向思考

　　此種手法即是把原有物品用完全相反的角度去看待，並將其缺點改進，例如，以前的自用小轎車皆為後輪驅動，因汽車引擎在車前方必須用傳動軸連接將引擎動力傳送到後輪來驅動汽車，因後輪驅動的車子，其缺點為引擎動力損耗較大及方向盤轉向操控性較差等，為了改善這些缺點使小轎車的性能更好，所以後來就有人將它改為前輪驅動的設計而得到很好的效果，故目前市售的小轎車大部分已都採用前輪驅動的設計了。又例如，現在人們常用的抽水幫浦，在幫浦剛發明出來時，人們總是把它裝在上方處接近水管的出水口端，不論使用多大的

馬力，吸取水源的高度距離皆無法大於十公尺，後來有人將它裝於在接近水源這一側，結果發現水的輸送距離可達一百五十公尺以上，如此只是利用安裝位置前端與後端的改變，就可得到很大的效果改善，其實就是吸力與推力所產生的不同效果而已，只要我們看待事物能以一百八十度的衝突性，用完全相反的眼光去看待及思考，說不定有很多事情可因此而獲得解決。

▶▶ 整理整合

　　這也是發明家慣用的手法，例如，早期鉛筆和橡皮擦是分開生產製造的，使用者寫字時必須一次準備兩樣物品，後來有人將它整合為一，使得現在製造的鉛筆大多為筆尾附有橡皮擦，方便人們寫錯字時之需。又如早期的螺絲釘頭部分別為一字或十字型，使用的起子也必須是完全相符的一字或十字型才能去鎖緊或鬆開，後來有人將它整合製造成為無論是用一字或十字型起子皆可方便使用的螺絲釘頭部。以及最近所創新導入十字路口的紅綠燈號誌加入讀秒器的設計，方便人們正確判斷燈號變換的時間，以減少交通事故。再如加上雷射瞄準器的高爾夫球桿，此項整合則可大大的提昇揮桿球向的準確度，又如現代人手一機的行動電話，相信將來也必定會整合為行動電話、無線上網、個人數位助理器（PDA）、電子書閱讀器、數位錄音機、FM收音機、數位相機、電子字典，甚至是消除疲勞的

振動按摩器等合而為一的產品，這些例子都是整合的應用表現。

▶▶反轉應用

可將目前已有的產品或已知的各種原理、理論加以反轉探討研究，說不定可以得到新的應用，例如，利用冷氣機的冷凍原理，將原本循環於室外側散熱器冷媒的流向與室內側冷卻器冷媒的流向反轉過來，使其熱氣往室內側吹，在寒冷的冬天裡室內可享受到暖氣的功能，如此的設計稱為熱泵暖氣（Heat Pump），不但可在冬天裡享受到暖氣，而且省電效率更是傳統電熱式電暖器的三倍，是非常節省電力能源的產品，此種設計原理可說是很典型反轉手法的應用。

沉澱與過濾

當我們想到一個好的構思時，在當時一定認為它很完美，但是經過一段時日的沉澱與過濾後，必定會發覺原先的構想其實並沒那麼完美，或許在成本、效能、美觀、強度、製程、可靠度、維修性、耐久性等等各方面有不理想之處，但不要擔心，在不斷地由筆記本的紀錄中反覆探索後必能出現更好的構思，再從這些構思中找出一個最理想的方案才去執行，如此，成功的機率就能大增。❻

1.14 正確的衡量自己

記得鄧小平生前講的一句名言：「黑貓白貓，會捉老鼠的貓就是好貓」。這是一種務實的觀念，要是換成發明界裡的話應該就是「大發明小發明，有實用市場價值的發明就是好發明」。在任何人對發明產生了興致之後，很自然的便會湧出許多發明的構想，但無論這些構想是大發明或是小發明，其實發明應該是選擇具有實用市場價值及自己能力所能勝任的為投入的重點。

在發明界裡常可見到許多人好高騖遠，未能正確的衡量自己的專業知識或技能及自身的財力，而去研究發明本身外行的事物或投資金額負擔非自己所能負荷的案子，這常是導致發明失敗的主因。一旦失敗都會使得時間、精神、金錢三方面受到程度大小不同的損傷，我們都知道昔日愛迪生發明電燈時所做的實驗失敗次數達數千次，最後他還是找出了做燈絲的材質而完成了他的發明，但在今日科技發展一日千里的時代已經不是愛迪生所處的十九世紀當時環境所能相比的了，從愛迪生發明電燈的這個故事中我們要學習的是他堅持到底的精神和毅力，至於研發方法方面我們更應該要有尋求高效率與速度的觀念和作法，我們要強調現代發明工作中「研發效率」與「成本效益」

的基本觀念，才能在現今競爭激烈的環境中以最低的投入成本來換取最大的效益目標。

其實不論大發明或小發明都應該仔細的衡量自己的專業知識範疇及可負荷的財力問題，還有一點更重要的就是確認實用的市場價值在哪裡。當一個發明還處於構想階段之前就應該做上述的評估，才是最務實的作法。

每個人的專業領域都不同，最好是選擇與自己的專業較相近的領域去創作發明較易成功，例如，一個電子專業領域的人去做化學方面的汽油代替物質的發明，一個土木專業領域的人去做電器方面的立體電視研究，在專業知識相差太遠的情況下是不易有結果的。另外，在以往的發明界案例中不難發現有些發明人一人單打獨鬥做研發，有滿腦子的點子，同時研發很多創作案子，一下子做這個，一下子做那個，而無法專心於最有可能成功的案子上，其結果可想而知了，終究是一事無成。若創意點子甚具市場價值，但非自己的專業或本身財力不足時，倒是可尋求他人的協助，借重他人的專才或研究經費支助來共同完成。但經常是有創意構想的人深怕創意一旦告訴了別人，反而別人會私自搶先去研發，自己卻失去了先機，故不敢將創意告訴他人尋求合作，所以是否要將創意點子告訴他人尋求合作，這就要看個人的智慧與判斷力了。若是決定要將創意點子告訴他人尋求合作，那就應在合作之前先以書面協議清楚今後

取得專利權時的權益分配問題，免得到最後產生權益上的糾紛。

▌1.15 發明家與瘋子

　　在全世界的專利案件中能夠真正商品化出來的案子比例實在很低，依照以往實際的經驗數值而論的話只有2～5%，而商品化出來後又真的能夠回收成本，進而再實際賺到錢的商品又不到半數。目前世界各國對這些數據並無法做很準確的統計，因為所有的政府機構或民間組織都很難實地去追蹤與調查所有的專利案子都已商品化或商品化之後是否有所利潤？故這些預估值完全都只是發明界人士以經驗法則大約粗估而來。然而台灣的情況比例大致上也是如此，這種事實代表什麼意義呢？這顯示一個殘酷的事實，那就是「從取得專利權到能夠商品化出來上市的過程中，大多數的人是不賺錢的，真正能成功賺到錢的只有少數人」。由此可見具備正確發明知識的重要性。

　　然而在實際的情況中，發明家的確有很多是瘋子或許應該說是瘋狂吧！尤其是無商品化經驗的發明新手，往往無法正確的評估自己的專利在商品化過程中所須投入的資金與人力物力，及會碰到的困難和挑戰，或太高估自己產品的優點而低估

了缺點，然後就一頭熱的投入大量的資源使之商品化，而使產品生產出來卻賣不出去，這是很要命的錯誤。

從小到大，無論從書籍或媒體所傳達的訊息大都是偉大的發明成就為何，而很少告知發明過程中所可能產生的風險及如何做「風險管理」，如今當我們要親自去從事發明工作時，就一定要去瞭解到底發明的風險在哪裡及如何控管風險，不然搞不好會傾家蕩產都說不定，這種殘酷的事實結果，無論中外皆有很多實際案例存在。只是很少媒體或書籍會去提這樣的事而已，這一點發明人應銘記在心。

若以發明取得專利權到商品化成功取得利潤的整個過程中來看，發明工作相對來說是比較有趣且不困難的，當從智慧財產局取得專利證書的那一刻起，真正的挑戰才要開始，從商品的設計、開模、備料、生產、量產品質性能測試確認到取得相關產品認證、庫存管理、行銷管理、帳款收回、資金調度、客服維修等，皆須花費很多的金錢和精力才能完成的，若要以量化來做投入資源比較的話，依經驗法則來推估可能是發明取得專利權占20%，後者可能占了80%。

1.16 「國際專利」與「世界專利」

我們經常在一些商品的行銷廣告中看到本產品獲得「國際專利」或「世界專利」等用詞，其實目前世界各國對於專利權的保護皆是採「屬地保護主義」，也就是說各國政府只保護在該國申請並取得專利權的作品，才能得到該國的保障，地區也僅限於該國政府的管轄地區範圍，故其他國家的專利權保護，發明人必須分別向各國政府專利權主管單位個別提出申請並取得專利權，才能得到該國的專利權保障，所以並沒有所謂的「國際專利」或「世界專利」的存在。

除非有人把他的作品在全球各個國家通通提出申請並取得專利權，但如此做實在太沒經濟效益了，除了時間及精神的耗費之外，光是專利事務所的代辦費、申請費與每年的各國專利權年費就需一筆龐大的金錢支出，所以目前發明人對於國外的專利權申請都是採重點式的申請，尤其是在市場較大且工業科技水準較高的國家，如美國、日本、中國大陸、歐盟國家等做為優先申請的目標，以達到較好的經濟效益。

1.17 專利愈用才愈有價值

　　大部分的發明人會視自己的專利為寶貝不願與人分享，這也是人之常情的事，但反之或許我們可用另一種思考方式來看待。例如，以前SONY公司曾以Beta規格的專利技術生產錄放影機第一個進入市場，但後來JVC公司的VHS規格錄放影機最後卻反而成為主要的市場主導規格，打敗了Beta規格且使之在市場上消失，也使得JVC公司在這項產品上淨賺不少。究其原因為雖然Beta規格的錄影帶體積較小、較好收藏，錄放影機也有不少優點，但SONY公司一心想要獨享這項研發技術不願與同業共享而無法迅速擴大市場。反觀JVC公司雖然起步較晚，但該公司卻以很便宜的授權金甚至是免費的將此項技術授權給其他同業生產製造產品，快速擴大市場並一起搶攻市場，消費者一到電器店選購時發現大部分的廠牌都是VHS規格的機型，而不再去買Beta規格的產品，SONY公司的這項產品畢竟寡不敵眾，而落敗了。另一例為早期的電腦中文倉頡輸入法的發明人朱邦復先生，他將這項專利技術開放給大眾免費來使用，雖然他花很多心血在這項技術開發上，但他能用開放的胸襟處理，使之能很快的普及化，雖此項專利技術未能很直接的為他獲利，但同時他卻得到了掌聲與好名氣，至此已有許多知名的大公司和投資

人要跟他來合作開發其他的東西，後來也從別的開發案中獲利。朱邦復先生最近又在主導開發中文電子書閱讀器（文昌電子書）技術，不但可支援簡體、繁體、英文書籍字型、圖片、聲音，甚至是動畫，之後還可支援更多國語文功能的技術，相同的，他也懷著開放的胸襟將這技術的所有工業規格原始碼全部開放，提供所有想要生產製造這項產品的廠商得以放手去做，希望能在目前電子書閱讀器規格多家競爭的情況下，取得最後的主導地位。

由以上的實例中我們可以瞭解，專利是要愈多人用或用得年限時間愈久才是愈有價值的，若專利沒能商品化而空握有那張專利證書是沒有意義的，就連智慧財產局收取專利證書的年度規費上有一個明顯現象就是每三年加一倍的費用，第1～3年為新台幣2,500元，第4～6年為新台幣5,000元，第7～9年為新台幣9,000元，第10～20年為新台幣18,000元。我們一般人的折舊概念是東西用愈久應該會愈便宜才對，但專利權價值剛好相反，所以智慧財產局收取專利證書的年度規費上也剛好符合一個意義。是故，專利若遲遲無法商品化時，發明人就必須考量是否停止繳費（放棄專利權），讓該專利技術早日開放給公眾使用，以符合整體社會的利益。在繳費負擔方面，若專利證書只有一張還好，如果同時擁有很多張專利證書的話，光是年度規費就會令人吃不消。

1.18 設計發明新產品的基本概念

　　現今企業之間的競爭非常激烈，若想要打贏這場商品大戰，創新商品的功能、品質、價格、可靠度……等產品本身競爭力的強弱，有其關鍵的重要性，唯有不斷地自我創新與改革，才能在市場上屹立不搖。所謂「新產品」在其內涵上是非常廣泛也很難定義的概念，其中包括新的功能結構設計、新的製造方式、新的材料應用、新的市場定位、新的行銷策略……等，都是「新產品」開發的範疇。不同的人在不同的立場對它的觀點定義是有所差異的，以使用者或消費者的觀點來看，對於產品的各種構成要素，如功能、外觀造型、樣式、包裝……等，只要有其中一項產生變化或加以改良，使用者都會視之為新產品。若從設計開發技術者的觀點來看，如採用了新的材料、新的技術或新的美工設計，使之在成本、效能、美觀、操作性……等產生變化，都可被認為是新產品。而對生產製造者的觀點來看，製造從來未生產過的產品才是新產品。對發明人而言，凡是以前從未構想、實施過的新的理念也都可視為新的發明設計。舉凡在日常生活中所有的用品在發明及改良時最好能考量以下幾項：

　　1.設計者應要有「第一流的設計是簡單又好用，第二流的設

計是複雜但好用，第三流的設計是複雜又難用。」的這種
認知，有了這種認知再去著手設計出一流的產品，才能在
成本與品質上有出色的表現。

2.創新引導設計：設計者不能一直以工程師的專業觀點為依
歸，好的產品設計是需要常常且用心的去聽取和顧客第一線
接觸的行銷者之創新點子，其可為產品設計的藍本參考。

3.以客戶的觀點為導向，掌握大多數消費者的想法與需求：
應以使用者客戶的觀點為考量，無論在功能上、操作介面
人性化、使用方法上、成本上做考量，不可只以技術者的
觀點，閉門造車式的設計產品。否則可能自認為產品很
好，但消費者卻覺得不適用的嚴重產品認知差距。這也就
是所謂的「超越硬體思維」，設計者一定要去瞭解及研究
顧客對產品使用的所有相關訊息及使用產品的行為與習慣
……等，必須完全的洞悉。

4.必須能實際解決問題：沒有一個消費者不希望他所買到的
產品是真正有效能替他解決所遇到的困難或使他得到更大
便利的。

5.成品務必物美價廉而且實用：無論是一般生活日常用品甚
至是工業產品都要掌握這個原則，唯有在初期設計時就將
這些項目好好考慮衡量一番，才能在真正大量生產製造
時，做出完美的產品。

6.結構設計必須要考量到良好的維修性：尤其是工業產品或機具、家電等須做維修服務的產品，應在設計之初就加以注意，免得量產之後產品發生故障須維修時，為了換一個小零件，結果必須把整台機器全拆光了才換得了這個零件，這是很多新手設計者常犯的毛病。如能在產品開發時就有良好的維修性設計考量，對日後的售後服務不但可以節省維修時間及人工成本，更能減少顧客的抱怨。

有了以上這幾項要點的考量之後，再來進行實際的產品開發設計，想必因此所生產出來的產品，一定能贏得大多數顧客的認同。❼

1.19 發明vs.創業

發明人適不適合以自己的發明作品來做為創業呢？這是經常有人提出的一個問題，而依筆者個人的看法是：發明人最好不要冒然創業，若真的有必要創業時，一定要經過詳細的評估，謹慎為之。其實通常發明人在性格上是有其特質的，他們的心思細膩、見識廣博、對物能仔細觀察、愛幻想、勇於嘗試且富冒險精神、個性執著因而能努力不懈堅持到底，直到自己的創意實踐為止。然而創業者（即公司經營管理者）通常在性

格上的特質是善於與人接觸及溝通、專門對付人們心思行為、對於產品的行銷、企劃與商品包裝具專才的人，然而發明人與創業者這兩種不同的性格通常很難同時存在於一個人身上。故發明人要創業時一定要衡量自己是否有經營管理天分。

曾有一位聰明又傑出的發明家要向銀行借貸資金來創業，雖然他有很新的高科技發明產品，但銀行經過評估後卻不敢放款給他。原因在於這位發明家無法具體說出新創業的公司要如何經營管理及自己的發明產品客戶群是誰、市場需求在哪裡、如何去販售。有一些發明家會以為創業者的行銷管理能力與市場調查不是那麼重要，只要產品優異，自然就會有消費者上門來買，這是我們所常見到的一般專業技術創業者的最大盲點，若創業者無強烈的市場意識而只會閉門造車，無論再怎麼埋頭苦幹也可能只會以失敗收場。

由過去實際的案例中也可發現發明人自行創業成功的例子並不太多，大都是以失敗為收場的，究其原因，一般多為經營管理不善與行銷不利，而非發明作品本身不好。所以發明人最好專心在發明創作上，至於行銷上的業務最好交由專業的經理人去執行，若能兩者彼此協調合作各司其職，那將可有一番作為。

多年前台中有位姓林的發明人，發明了VHS錄影帶的自動清潔器，將它裝在VHS錄影帶盒磁帶開口端的內部，在看影片

時可讓錄影帶在轉動的同時一起同步清潔錄影機的磁頭，清潔
效果非常好。在1980年代，第四台有線電視系統尚不發達的年
代裡，市面上有很多的影帶出租店，家家幾乎也都用自己的
VHS錄放影機來看影片，這項發明的市場價值非常高，只要有
正確的產銷觀念，這項發明應該是可以成功致富的，但是這位
林先生的結果卻是以賣掉一棟房子來還清債務做為這項發明的
結局，大家可想而知，這樣的結局對一個發明人而言是多麼大
的打擊呀！所以發明界的老前輩們曾留下一句話：「發明是致
富的機會，但也是貧窮的陷阱。」由此可見具備正確發明知識
的重要性。

　　為何一項很好的發明會變成如此的下場呢？這位林先生本
來從事於水電業，在偶然的機緣裡有了這項創作的靈感，也認
為若能創作成功，這樣的產品會有很大的市場需求，於是從錄
影帶盒的結構到錄影機的運轉原理經過一番的研究後，設計了
磁頭自動清潔器，再經手工打造模型測試及開模具正式測試，
終於研發出滿意的作品，並申請了中華民國的專利權，為了更
進一步想在外國也保護他的創作專利，便又請專利事務所幫他
代辦申請了許多海外主要的國家專利權，當然也很順利的得到
這些國家的專利權核准。這是林先生取得的第一項專利，當在
收到專利證書時，心喜若狂，想必以後可以大發利市，大賺一
票。到此為止，林先生光是研發費用及申請專利的費用就已經

支出近百萬元，在本身資金有限的情況下，爲了要使這項創作產品繼續推動下去，於是用自己的房子去向銀行抵押貸款，爲使這項新產品免於和別人共享利益而可獨得，於是自己申請成立公司，運作方式則請太太在公司內接聽電話，並僱用兩名業務人員，於是開始了產品的推廣及行銷工作，由於對產品行銷的要領及經驗不足，在經過向錄影帶出租店、一般住家、展覽會、媒體廣告等等的宣傳推廣後，雖經兩年的努力，但銷售業績的成長似乎沒多大起色，在這兩年的期間裡所投注下去的公司固定開銷、銀行利息、人員薪資、宣傳廣告費、產品的製造與庫存費用等，在收支不平衡的情況下又虧了大約500萬元。眼看著這項產品已無法再繼續推動下去，只好把自己的房子給賣了，以還清銀行的貸款。

從這個案中，有幾點可供我們警惕。首先，在測試階段時儘量不要正式去開模具，因正式的模具費用相當高，在尚未確定是否大量生產前如此做是不妥當的。其次，當取得一項具有市場潛力產品的專利固然很興奮，但不要只想獨享所有的利益，從研發、生產、行銷都要自己來，應該用更開放的胸襟來看待，不妨與他人分享，找一個能力好的行銷公司，或有市場眼光的創業投資公司來投資合作推動取得專利權後的各項業務。再其次，海外國家的專利權取得，因由專利事務所代辦申請的費用相當高，必須要評估自己的經濟能力及必要性，不妨

可協議由合作的行銷公司或創業投資公司出資去申請，如此則可幫發明人省下一大筆錢。

另有一個成功的案例也供大家分享，有位吳先生發明了眞空吸吮的女性隆乳器，在多年前當時女性健胸隆乳產品不像現在琳瑯滿目，當時吳先生發明這項產品後與具有行銷專長的人士合作促銷，在一連串的行銷企劃案的推動下，這項產品很快的就被女性消費市場所接受，銷售量也急速上升，當然發明者口袋也有大筆的進帳，使自己的物質生活得到很大的提昇。吳先生在繼續不斷地發明了許多實用的產品後，也熱心參與推動台灣發明界的事務，後來當上了某個發明協會的理事長，可謂是名利雙收。

固然發明本身非常重要，但有好的行銷更重要，本書除提供可讓發明人參考的商品化管道及協助機構資料外，也期盼政府相關單位能設立專門的輔導及仲介機構，讓發明家與企業家有一個共同可信賴的管道。一起開拓這個新市場，更爲國內的經濟發展注入一股新的力量。

處於知識經濟時代的二十一世紀裡，各專長領域的人士必須要分工合作，如果不能團結合作而想要讓新產品在市場上推廣成功，那恐怕成功的機率太小了，甚至是賠了夫人又折兵。

1.20 愛迪生成功經驗的省思

在我們一般人的刻板印象當中，所知道的愛迪生是一位偉大的「發明家」，因爲他發明了很多改變全世界人類生活型態至深至遠的東西。其實這樣對愛迪生的瞭解只有一半而已。對於愛迪生的成功經驗，以較爲全面完整的認識，用內行人看門道的角度來觀察他的話，我們實在應該稱他爲一位偉大的「發明企業家」。然而「發明家」與「發明企業家」的差別又在哪裡呢？以他實際在經營整個發明事業的過程來看，他是有一套「企業化觀念」在運作的。在他的實驗室裡實際上並不是只有他一個人在從事發明工作，而是有一大群工程師、科學家們在爲他工作，只不過他們是默默的工作者，而把所有的榮耀全集中在他們的老闆（愛迪生）身上罷了。之所以要稱他爲「發明企業家」，其眞正的涵義在於他除了本身有發明的天分外，更有組織運作方面的管理長才，這是外界對他所較爲忽略的部分。

以他的實驗室所做的研究題目訂定爲例，其實都是經過嚴謹審愼的市場評估的。而研究方法大多數都是採團隊集體研發的模式，對於專利的授權及商品化的技術移轉，都有專人在負責處理。乍看之下，這不正是目前各大企業的研發管理模式嗎？沒錯！在當時他就懂得以這樣商業化模式的型態來經營，

所以很多的發明產品商品化推廣都很成功，也獲得很大的經濟回饋，再用這些經費繼續去研發新的產品及技術，如此來滾動他的龐大發明團隊巨輪持續向前。而知名的美國通用電器公司（GE奇異）的前身其實正是愛迪生發明實驗室。

　　歷年來，台灣甚至包含全世界的發明家創業大部分都是以失敗來收場的，只有少數是成功的例子，發明家創業要成功必須具備「組織團體運作管理能力」，而從未見過不具此種管理技能的發明家卻能把公司經營得上軌道的。無論是從愛迪生的成功經驗或是以台灣歷年來眾多發明創業案例來觀察，若要將發明事業經營得成功出色，除有優良的發明產品外，企業經營管理能力是非常重要的一環，這也是一般發明人易於忽略的地方。所以對於想創業者而言，在企業管理知識方面的學習與進修是絕對重要的。上述這些問題是值得每位發明人去好好省思的。有關創業方面的相關進修課程，可參閱附錄中「創業相關諮詢輔導資訊」的資料。

1.21 實際的行動

　　有很多事情光說不練是沒有用的，尤其是發明創作這碼事，雖有滿腦子的創意構想而沒有加以實際的行動，其結果還

是空的，所以發明家同時也一定是位「實行家」，因為沒有實際的去實行及驗證自己的構想是否可行，是否達到預期的效果，只是用猜想的方式是不務實的，每個人皆有惰性，創作須要實際花時間、金錢、精神、體力，並且要一步一腳印的去實行，因此有人說「發明之路是寂寞的」，想要成為一位真正的發明家，要走過這段寂寞的路是必然的，也只有能走過這段寂寞之路的人，才會看到自己發明創作成果的展現，這是想要成為發明家應有的心理建設與正確的認知，否則就容易虎頭蛇尾而半途而廢了。

　　某些人對發明有一種不正確的觀念，以為好的發明都已經被人發明出來了，現在還有什麼東西可創作的呢？其實人類總是不滿足於現狀，各方面的需求是愈來愈多的，尤其是有形的物質方面，需求更為直接，再由世界各國專利主管機關所統計的每年專利申請案件數量及取得專利案件數量來看，幾乎各國每年都是成長增加的，可見人類的物質需求是永無止境的。有志從事發明創作的朋友們，不要再猶豫了，現在就開始付諸實際的行動吧！

註釋

❶日本三菱電機家電事業部靜崗製作所研發處（1982）。《教育訓練手冊》，頁52～61。

❷郭有遹（1994）。《發明心理學──第二版》。遠流出版社，頁118～122。

❸陳昭儀（1990）。〈我國傑出發明家之人格特質、創造歷程及生涯發展之研究〉，中國心理學會年會研討會論文。

❹日本三菱電機家電事業部靜崗製作所研發處（1990）。《教育訓練手冊》，頁105～117。

❺東元電機家電事業部淡水廠研發實驗室（1989）。《教育訓練手冊》，頁32～36。

❻日本三菱電機家電事業部靜崗製作所研發處（1990）。《教育訓練手冊》，頁41～46。

❼東元電機家電事業部淡水廠技術中心（1988）。《教育訓練手冊》，頁27～35。

PART 2
實務篇

2.01 台灣發明環境概況

　　台灣近四年來申請專利的案件數每年超過6萬多件，核准件數每年約4至5萬多件，核准率在63.1～80.7%左右，當然這核准件數僅就當年度通過審查所做統計數字，智慧財產局審查專利案件很多都必須跨年度才能審查完成，故當年度的核准案並不一定全是當年度所申請的案子所核准下來的，而大部分應是前年度的申請案子，以此類推。日前智慧財產局公布最新統計資料，2003年專利新申請案件共計65,512件，較2002年成長6.69%。2003年專利公告案件共計53,033件，較2002年成長17.74%。而大陸國務院知識產權局亦公布資料，2003年專利新申請案件共計308,487件，較2002年成長22%。2003年專利授權案件共計182,226件，較2002年成長37%。以台灣近十年的狀況來看，自1994年專利申請案由42,412件到2003年增加為65,742件，增幅高達55%，平均年增率5.5%，且近三年（2001～2003年）的平均核准率更高達77.8%，是以往這幾十年來前所未見的，由這些統計數字的分析來看，可發現以下幾個現象：

　　首先近二十年（1984～2003年）來幾乎年年都成長的專利新申請案件數，意味著近年來國人對智慧財產權的重視程度已增加很多，大家逐漸懂得去申請專利，以用來保護自己的研發

創作成果。

另外由近四年（2000～2003年）來的專利申請案皆在61,000多件至67,000多件之間呈起伏的狀態，這是否意味著台灣的每年專利申請案件數已到了飽和臨界的狀態，則有待後續的觀察才能知曉。

再來就是有關核准率方面，近三年（2001～2003年）來的核准率在73.4～80.7%之間（平均高達77.8%），可見現在的專利申請水準是愈來愈高了，也許是透過專利事務所專業人員的分析評估後再委託提出申請的人比例變多了，相對的核准成功的機率就會大幅增加，相較於以往平均核准率約30～50%，甚至1977年的核准率低到15.8%，目前可說已呈現出很大的進步（以上詳細資料請參閱附錄中相關統計資料）。

每一件專利案的提出申請，發明人都是必須付出有形的金錢費用代價的，相對的，它也有背後潛在的龐大利益的可能性，若是一個沒有利益可言的專利案，就實在沒有提出申請的必要性，就是因為專利的提出涉及到龐大的商業利益（若商品化成功的話），所以專利案的申請長久以來就被認為是一種「以小搏大」的工具和手段，可在重要的關鍵時刻發揮它極大的槓桿作用，為發明人帶來極大的名與利。

據台灣發明界的估計，台灣的發明人口約3萬人，這當然尚不包括在各大企業當中研發部門的工程師們及學校的教授們有

在從事研發工作的人，而是以一般所通稱的個人發明人（業餘或專業的發明家），若要將這群各大企業當中研發部門的工程師及學校的教授們都計算在內的話，台灣的研發工作人口估計可能約有100萬人之多。台灣發明界相當具有活力，發明人屢屢在世界著名的發明展中（如瑞士日內瓦國際發明展、德國紐倫堡國際發明展、美國匹茲堡國際發明展……等）獲得國際性的發明大獎，得獎總獎牌數經常是各國代表團之冠，可說在國際間得到相當大的好評。然而是不是在發明展中獲得了肯定就證明這項發明的商品化能成功呢？答案是「不一定」。以台灣大部分發明人實際的經驗來說，其實商品化的過程是很辛苦的，須要克服的障礙關卡也非常的多，且性質完全不同於發明工作，這部分的問題在本書概念篇與實務篇中已經談了很多，這個中的滋味也只有發明人自己親身去體會了。以台灣人的敏銳觀察力和旺盛的創造力，目前台灣的發明環境中較欠缺的倒不是創新的點子，而應該是如何建構一個有效的「商品化與行銷推廣的機制和大家可信賴的平台」，以改善整體的發明環境，讓發明人更容易將專利技術給予商品化且是能成功賺到錢的商品化，使得眾發明人能真正發揮知識的經濟價值出來，這實在是值得政府相關部門及發明人、企業家與全民好好努力的一個方向，也希望本書的出版能在發明實務上產生一點小小的指引作用，讓發明人「錢進口袋」成功的機率多一些。❶

2.02 專利權的主管機關與相關業務

　　台灣專利權的主管機關爲經濟部智慧財產局，簡稱TIPO（原名經濟部中央標準局自1999年1月26日起正式更名爲經濟部智慧財產局），目前該局主管的業務範圍包括：專利權、商標權、著作權、營業秘密、積體電路布局及反仿冒等六大項目，在此僅就與發明人有較密切關係的專利權業務做介紹。

　　目前智慧財產局有台北、新竹、台中、高雄四個服務處（詳細地址聯絡資料可參閱附錄中「經濟部智慧財產局聯絡資料」），目前所有有關專利的各種業務，如專利申請、舉發、再審查、專利申請權讓與登記、專利權授權實施登記……等，皆可由各地的服務處收件。然後統一集中送件到位於台北的專利組進行審查，個人也可以將專利申請案件用郵寄的方式直接寄到台北的專利組即可。至於專利申請書表格，以往必須向智慧財產局的員工消費合作社購買但目前已經停售，現在可利用網際網路（Internet）在智慧財產局的網站（http://www.tipo.gov.tw）中點選「專利」，再點選「專利申請表格」即可直接免費下載所有表格，依表格所示，自行電腦打字後列印出來送件即可。

　　現在經濟部智慧財產局網站除「專利申請表格」提供免費下載外，其他如「申請實體審查」、「舉發」、「再審查」、「專

利補充、修正申請書」、「專利信託」、「專利讓與」……等亦
皆提供所有申請表格免費下載，並有撰寫說明及撰寫範例可供
參考，所以自行撰寫申請書並不困難，發明人可多加利用，詳
細的免費下載申請書表格種類內容請參閱附錄中「專利相關申
請表格」一覽表，免費下載網址：http://www.tipo.gov.tw/
patent/patent_table.asp。❷、❸

2.03 認識專利

　　專利是什麼？為什麼各國都會訂定專利法來保障發明創作
的研發者，這是我們要踏入發明之路的人，首先要認識的概
念。

 專利是什麼？

　　專利權它是一種「無體財產權」，也是一般所稱的「智慧財
產權」，當發明人利用自然法則創作出一種新的物品或方法技術
思想，而且這種新物品或方法技術思想是可以不斷地重複來實
施生產或製造出來，也就是要有穩定的「再現性」，能提供產業
上的利用。為了保護發明者的研發成果與正當權益，經向該國

政府主管機關提出專利申請，經過審查認定為符合專利的要項規定，因而給予申請人在該國一定的期間內享有「專有排他性」的權利，「物品專利權人」可享專有排除他人未經專利權人同意而製造、販賣、使用或為上述目的而進口該物品之權；「方法專利權人」可享專有排除他人未經同意而使用該方法及販賣或為上述目的而進口該方法直接製成物品之權，這種權利就是專利。若歸納其專利權的特性具有：一、排他性；二、地域性；三、時間性等三項。另外專利也是屬於一種「所有權」，具有動產的特質，專利權得讓與或繼承，亦得為質權之標的。所以專利權所有人可以將其創作品授權他人來生產製造、販賣或將專利權轉售讓與他人，若專利受到他人侵害時，專利權人可以請求侵害者侵權行為的損害賠償。但某些行為則不受限於發明專利之效力，如做為研究、教學或試驗實施其發明，而無營利行為者。

何種創作可申請專利？

凡對於實用機器、產品、工業製程、檢測方法、化學組成、食品、醫學用品、微生物等的新發明或改良都可提出申請專利。但對於動、植物及生產動、植物之主要生物學方法；人體或動物疾病之診斷、治療或外科手術方法；妨害公共秩序、

善良風俗或衛生者均不予專利。

何時提出專利申請？

何時提出專利申請是最為適當，這也是發明人所關心的事，一般而言，專利當然是愈早提出，通過的機率愈高，尤其是在以「先申請主義」做為專利授予裁定基礎的國家（如中華民國），專利申請提出送件當日稱為申請日，當有二人以上提出相同的專利申請案時，中華民國是以誰先送件申請，誰就能獲得該項專利，而不去管到底誰是先發明者。所以在台灣若有瞭解這一點的發明人，有必要時是會將專利構想好之後就馬上提出申請。而於申請後再實際的進行研發工作，但這也有一定程度的風險，因為有時只靠構想推理，就提出專利申請，恐怕在實際研發驗證時，會出現某些未料想到的問題或思考的盲點，而導致無法照原意實施的失敗結果。但若要等到一切研發驗證通過完成才來申請專利，又會擔心可能會讓競爭者有機可乘而捷足先登了，所以要在何時提出專利申請最為適當，這就是見仁見智的問題了，但大原則應該是「在有相當程度的把握時，要儘早提出申請」。

也有採「先發明主義」做為專利授予裁定基礎的國家（如美國），當有二人以上提出相同的專利申請案時，是以誰能提出

證明自己的發明最早，專利權就授予誰，而不管專利申請日的早晚，因這種「先發明主義」在有爭議時的審查及界定上的程序較為嚴謹且麻煩，但在實質上是較能保護先發明者的權益。而「先申請主義」在界定上非常清楚且容易，也是為大部分國家所採用的模式。

 ## 誰能申請專利？

專利申請權人係指發明人、創作人或其受讓人或繼承人，可自行撰寫專利申請書向智慧財產局提出申請，亦可委託專利代理人（專利事務所或律師事務所）申請。但在中華民國境內無住居所或營業所者，則必須委託國內專利代理人辦理申請。

 ## 專利申請須費時多久時間？

專利審查的作業流程甚為複雜，為求嚴密，必須非常謹慎的查閱比對有關前案的各種相關資料，以及專利法中所規定的新穎性、進步性及產業上的利用等要項，必須符合才能給予專利，所以審查期間會耗時較長，這也是世界上各國共同的現況，如美國平均約須20個月，日本約要24～36個月，我國則約須耗時12～18個月。

職務發明與非職務發明

　　受雇人於職務上所完成之創作，其專利申請權及專利權屬於雇用人，雇用人應支付受雇人適當之報酬。但契約另有訂定者，從其約定。受雇人於非職務上所完成之創作，其專利申請權及專利權屬於受雇人。但其創作係利用雇用人資源或經驗者，雇用人得於支付合理報酬後，於該事業實施其創作。

 取得專利的優點

　　取得專利對創作人的權益保障大致有幾點：一、能防止他人仿冒該創作品。二、專利是創造力、創新能力的具體表現結果，也是競爭力的指標，而且可提昇公司及產品的形象。三、可將專利權讓與或授權給他人實施為公司或創作人帶來直接的獲利。四、若專利為某產業的關鍵性技術，則能阻礙競爭者的市場切入能力與進入領域。

 取得專利須支出之費用成本

　　取得專利及專利權的維護，一般而言，費用大致會有以下幾項：一、專利申請書表格：以前須以每分新台幣20元購買，現在則改由網路免費下載。二、專利申請費用：若自行申請只

須繳交申請規費新台幣3,000至8,000元之間，視申請類別及是否申請實體審查而定。若由代理人來協助申請則須再負擔代理人的服務費用（可參考〈如何選擇專利代理人〉一文中的收費行情參考資料）。三、專利證書領證費用：每件新台幣1,000元。四、專利年費：第1～3年為新台幣2,500元，第4～6年為新台幣5,000元，第7～9年為新台幣9,000元，第10～20年為新台幣18,000元。

 ## 獲得專利權之後須注意事項

　　當創作人收到智慧財產局的審定書是「給予專利」，在開始正式公告時即表示創作人已擁有該創作的專利權，在獲得專利權之後須注意以下事項：一、須留意專利公報訊息，對於日後專利公報中的公告案若與自身的創作相近類似者，可儘速蒐集相關事證後，提出「舉發」來撤銷對方專利權確保自身權益。二、須準時繳交專利年費，若年費未繳，專利權自期限屆滿之次日起即消滅（年費過期六個月內仍可補繳，但費用須加倍）。三、若專利尚在申請審查期間內，應在產品上明確標示專利申請中及專利申請號碼，若已取得專利證書者應標示專利證書的專利權號碼，以供大眾辨識，若未標示而遭他人仿冒時，依法不得請求損害賠償，此項應特別留意。（註：但侵權人明知或

有事實足證其可得而知為專利物品者,不在此限。)

　　有關專利申請及相關問題可用電子郵件信箱或電話與經濟部智慧財產局之專利櫃台服務人員詢問(電子郵件信箱:ipo1p@tipo.gov.tw,電話:02-27380007分機3019、3020)。

2.04 專利分類與各國專利概況比較

　　我國的專利法所規定的專利種類有三種:發明專利、新型專利、新式樣專利。其詳細法規內文說明請參閱附錄中的各項相關資料,在此先就一般概念性的問題加以說明。

1.發明專利

　　係指利用自然法則之技術思想之高度創作,其保護標的甚廣,包括物品(具一定空間型態者)、物質(不具一定空間型態者)、方法、微生物等。簡言之就是創作必須是以前所沒有人創作過且技術層次是較高的創作。例如,某人創作出某種特殊氣體具有醫療某種疾病的特殊效果,若這種特殊的氣體物質是前所未見的,則是屬於(物質)的發明專利。或某人創作出「水煮蛋自動撥殼機」,供食品廠使用,可節省人工撥蛋殼的大量人力。如果以前從未有人創作出這種機器,則這就是屬於(物品)的發明專利。發明專利若經智慧財產局審查通過,自公告之日

起給予發明專利權，核發專利證書給予申請人，發明專利權期限為自申請日起算二十年屆滿。

2.新型專利

係指利用自然法則之技術思想對物品之形狀構造或裝置之創作或改良。簡言之就是創作品屬於在目前現有的物品中加以改良，而可得到創新且具實用價值的創作，例如，由市面上已有的窗型冷氣創作出「不滴水窗型冷氣機」，它係利用室內側冷卻器所冷凝下來的排水，將之導往室外側的散熱器加以霧化，而可達到增加散熱效果及不滴水的目的，這是從構造上去做改良的創作例子。新型專利若經智慧財產局審查通過，自公告之日起給予新型專利權，核發專利證書給予申請人，新型專利權期限為自申請日起算十年屆滿。

3.新式樣專利

係指對物品之形狀、花紋、色彩或其結合，透過視覺訴求之創作。簡言之，就是創作品屬於在外觀造型上所做的創作，例如，「流線形飲水機面板」等，新式樣專利若經智慧財產局核准審定後，應於審定書送達後三個月內，繳納證書費及第一年年費，始予公告；屆期未繳者，不予公告，其專利權自始不存在。新式樣專利自公告之日起給予新式樣專利權，並發證書。新式樣專利權期限為自申請日起算十二年屆滿。

當專利申請權人或已領取專利證書的專利權人在原有的發

明或新型專利創作品中如有再進一步的創新時，可申請「追加發明專利」或「追加新型專利」。另在新式樣方面，若創作人在新式樣專利申請後至新式樣專利權消滅前，有近似之新式樣創作時，則可提出申請「聯合新式樣專利」，也就是同一人因襲其先前的新式樣之創作且構成近似者，得准予「聯合新式樣專利」。追加專利及聯合新式樣專利的申請都必須在專利權有效期間內由同一人才能提出申請。

其他世界主要工業國家專利種類與專利概況比較如下：

1.**歐盟專利（EPO）**：歐盟專利在1973年由歐洲各國於德國慕尼黑所簽訂，1978年開始實施，申請歐盟專利即可得到其會員國（法國、英國、德國、丹麥、瑞典、西班牙、葡萄牙、芬蘭、義大利、比利時、盧森堡、希臘、奧地利、荷蘭、愛爾蘭、瑞士、捷克共和國、保加利亞、斯洛代尼亞、賽普勒斯、列支敦斯登、摩納哥、土耳其、斯洛伐克、愛沙尼亞等共25國）的專利保護，唯申請歐盟專利，申請人必須付指定會員國的費用。其可申請的專利種類為發明專利，專利權年限為自申請日起算二十年屆滿。

2.**美國專利**：美國專利之保護領域及於美國50洲、波多黎各、關島及美屬維京群島等地區，台灣與美國有簽定互惠條約，申請人可以主張「專利優先權」（註：所謂專利優先權係指就同一發明創作，申請人在締約中的一國第一次

提出專利申請案後，在其規定的期限內又在其他締約國提出專利申請時，申請人有權要求以原先第一次提出專利申請案之申請日期做為後申請案之優先權日，其他締約國會以該優先權日做為判定後申請案專利要件之新穎性及進步性的分界點。在美國要提專利優先權時，發明專利必須為在台灣提出專利申請之日起十二個月內提出，而新式樣專利必須為在台灣提出專利申請之日起六個月內提出。）美國專利種類分為發明與新式樣兩種，發明專利若經審查通過，發明專利權自申請日起算二十年屆滿，新式樣專利若通過，則專利權自領證日起算十四年屆滿。

3. **加拿大專利**：加拿大專利種類分為發明與新式樣兩種，發明專利若經審查通過，發明專利權自申請日起算二十年屆滿，新式樣專利若通過，則專利權自領證日起算十年屆滿。

4. **中國大陸專利**：大陸為巴黎公約及歐盟專利之締約會員國，可於會員國間主張專利優先權。中國大陸專利種類分為發明、實用新型及外觀設計三種，發明專利若經審查通過，發明專利權自申請日起算二十年屆滿，實用新型專利若經通過，專利權自申請日起算十年屆滿，外觀設計專利若通過，則專利權自申請日起算十年屆滿。

5. **日本專利**：日本與台灣有簽定互惠條約，申請人可以主張

專利優先權，日本也為巴黎公約及歐盟專利之締約會員國，可於會員國間主張專利優先權。日本專利種類分為發明、新型、新式樣三種，發明專利若經審查通過，發明專利權自申請日起算二十年屆滿，新型專利若經通過，專利權自申請日起算六年屆滿，新式樣專利若通過，則專利權自公告日起算十五年屆滿。

6. 英國專利：其專利權可延伸至大英國協之殖民地，如北愛爾蘭等地區，英國專利種類分為發明與新式樣兩種，發明專利若經審查通過，發明專利權自申請日起算二十年屆滿，新式樣專利若通過，則專利權自領證日起算五年屆滿（可在屆滿前再申請展延年限，專用年限最長可達二十五年）。

7. 德國專利：德國對發明專利的審查非常嚴密，但如能得到核准，在世界各國的專利中是很具公信力的，德國專利種類分為發明、新型及新式樣三種，發明專利若經審查通過，發明專利權自申請日起算二十年屆滿，新型專利若經通過，專利權自申請日起算十年屆滿，新式樣專利若通過，則專利權自領證日起算五年屆滿（可在屆滿前再申請展延年限，專用年限最長可達二十年）。

8. 澳洲專利：澳洲專利種類分為發明、新型及新式樣三種，發明專利若經審查通過，發明專利權自申請日起算二十年屆

滿，新型專利若經通過，專利權自申請日起算六年屆滿，新
式樣專利若通過，則專利權自申請日起算十六年屆滿。

2.05 如何避免重複發明？

在從事發明工作時，如何避免重複發明是一個相當重要的
課題，也許你覺得你的創意很好，但在這個世界上人口眾多，
或許早已有人和你一樣，想出相同或類似的創作了，只是你不
知道而已，也許他人已申請了專利，你再花時間、金錢、精神
去研究一樣的東西，就是在浪費資源，例如，近年來依據歐洲
專利局所做的統計，在歐洲各國產業界因不必要的重複研究經
費，每一年就多浪費了約200億美金，原因無他，就是「缺乏資
訊」所致。所以當你須要研發設計某一方面的技術時，不妨多
蒐集現有相關資訊，包括報章、雜誌、專業書刊及市面上已有
的產品技術和本國與外國智慧財產局的專利資料。尤其是以專
利資料最為重要，因為能從各專利申請說明書中全盤查閱到有
關各專業核心技術的資料，這是唯一的管道。根據國際經濟暨
發展組織（Organization for Economic Cooperation &
Development, OECD）的統計結果顯示，有關科技的知識和詳細
的實施方法有80%以上是被記錄在專利文件中的，而大部分被

記錄在專利文件中的技術及思想並沒有被記載在其他的發行刊物當中，而且專利文件是對所有的人公開開放查閱的。當你在構想一項創作時所遇到的某些技術問題往往能在查詢閱讀當中獲得克服問題的新靈感。專利資料也是最新、最即時的產業技術開發動向的明確指標，因為大家最新開發出來的創作都會先來申請專利，以尋求智慧財產權的保護。專利文件如有必要還可複印出來供查閱人做進一步的研究之用，複印也只須付少許的工本費用即可（4元／每頁）。所以發明人要好好善加利用這項重要的資訊來源。如此不但可增加你在開發設計時的知識及縮短開發時程，更可避免侵權到他人的專利，如能善加應用已有的技術再加上你自己最新的創意，將會更容易完成你的創作作品，更重要的是能防止重複的發明，免得浪費資源且又白忙一場。

另一方面可藉由專利的保護與資料的公開，讓原發明人得到法定期間內的權益保障，也因技術的公開讓更多人瞭解該項研發成果，他人雖然不能仿冒其專利，但能依此吸取技術精華，做更進一步的研究開發新產品，如此對整體的產業環境而言，是有良性競爭的效果，使技術一直不斷地被改良，也使產品能夠日新月異的推出，嘉惠於整體社會，而各國政府皆會將專利文件公開的最大意義與目的也就在此。

要查閱台灣的專利資料除在本書附錄中「經濟部智慧財產

局聯絡資料」的台北、新竹、台中、高雄等地四個服務處資料室可供查詢外，自2003年7月1日起，智慧財產局也正式開放上網查詢，免費查詢部分可搜尋到大略的專利資料，如須查閱較為詳細的申請專利說明書內容或下載內容檔案則須繳費加入會員，即可使用帳號密碼來查詢所須的資料，使用起來可說是非常方便。

提供常用相關專利查詢網址如下：

1.經濟部智慧財產局：http://www.tipo.gov.tw

2.台灣專利免費查詢系統：http://www.moeaipo.gov.tw/patent/search_patent/search_patent_bulletin.asp

3.中華民國專利資訊網（連穎科技）：http://www.twpat.com/Webpat/Default.aspx

4.美國專利查詢（連穎科技）：http://webpat.learningtech.com.tw/search/blsearch.asp

5.美國專利局專利查詢：http://www.uspto.gov/patft/index.html

6.中國大陸專利查詢：http://www.sipo.gov.cn/sipo/zljs/default.htm

7.中國國家知識產權局：http://www.cpo.cn.net

8.日本專利局（Japan Patent Office）：http://www.jpo.go.jp

9.歐洲專利局（European Patent Office）：http://www.euro-

pean-patent-office.org

10.Questel-Orbit：http://www.qpat.com

11.Micropatent：http://www.micropat.com

12.CAS：http://casweb.cas.org

13.IBM Intellectual Property Network：http://www.patents.

ibm.com

2.06 如何申請專利？

　　專利的申請對創作人而言不但是金錢上的一項投資，也是精神及時間上的付出，而對政府機關智慧財產局來說則必須投入人力物力資源以進行審查工作。所以專利的申請無論是對創作人或政府部門都是一種資源的投入，爲求雙方節省不必要的浪費，故創作人一定要先正確瞭解具備何種條件的創作才能申請專利及如何正確提出專利申請，如此才不致盲目的申請，形成大家不必要的資源浪費。

　　專利的取得必須符合幾項要件：發明及新型之專利要件：一、產業上之利用性；二、新穎性；三、進步性。新式樣之專利要件：創作性。若我們的創作已符合以上的要件，但是否眞的要

去提出專利申請？最好能再從市場經濟的角度去做進一步的評估，例如，國內或國外專利的申請規費、領證費、年費、事務所的代理服務費等須支出多少成本？該創作的技術市場或商品市場規模有多大？取得專利權之後所實施或讓與或授權他人可得到的實質經濟效益有多高？等等的項目考量都是評估是否要提出專利申請重要議題。在具體的評估方面以下幾點供參考：

 ## 不值得申請專利

1.技術細節不想曝光者：因申請專利必須公開其技術細節，若獨有的技術創作人擔心將技術細節資訊公開後，反遭競爭對手做進一步的反向工程分析破解出來，導致競爭對手將該技術研發出更先進的技術，反而讓自己損失更大。這種情況下，則可考慮不去申請專利。以可口可樂的獨有配方為例，由於該公司商業保密做得很好，而並未將這個秘密配方申請專利，所以其他競爭者一直無法配出完全相同口味的可樂飲料，可口可樂這個秘密的配方使用超過一百年，已創造無限的商業價值。又例如，本土的台南擔仔麵肉燥香料的配方，未申請專利但使用也超過一百年，遠遠超過專利所能保護的期限。

在關鍵技術保護上，有許多人是採取所謂的黑盒子（Black Box）的策略，對於具有合乎專利申請要件的獨門技術，

不去申請專利，而對產品採取破壞性的封裝處理方式，將重要的關鍵性零組件用黑膠或其他無法拆解的方法完全封死，讓競爭對手無法運用逆向工程從成品中分析模仿進而取得技術竅門，如此當然競爭者比較難偷窺其堂奧。但用此方法來保護技術，不去申請專利，當然也有它的風險存在，若競爭者雖較晚開發出同樣的技術，而提出專利申請獲准，則情況可能就要大逆轉了，先開發者因無專利權的保護，在法律上反而會成為仿冒者。

2. **產品生命週期太短者**：從專利的申請到專利權取得，平均約須費時一至二年，若所創作的產品性質為流行性的商品，或許流行的時間只有一年，因這類的創作產品生命週期太短，也就不值得浪費時間和金錢去申請專利了。

3. **策略性的技術公開者**：在某些情況下可以將一些認為技術層次不是太高的部分故意的將它公開，以達到其他人要申請專利時，已失去新穎性而無法通過的目的，例如，某些電子書閱讀機的下游技術，為了讓更多人參與產品的生產製造，以打開市場規模，原研發者只保留核心的晶片技術專利而將其他的周邊技術做策略性的公開，讓公眾使用。

 ## 值得申請專利

1. 創作人想要藉由專利的保護來達到某一專業領域的主導地

位時。

2. 創作人想要藉由專利的取得來和其他的專利權人進行交互
授權時。

3. 創作人想要自己進行生產製造，且希望能排除他人的競爭
行為者。

4. 創作人想要將專利權讓與賣斷或授權他人進行製造、販
賣、使用者。

5. 創作人認為該技術具有前景的卡位策略考量，雖短期無利
可圖，但將來有很大發展潛能者。

當決定要提出申請專利時，則必須衡量是要自行撰寫「專
利申請書」送件申請或委託代理人來撰寫送件申請。因為專利
申請文件撰寫功力的好壞，會實際的影響到是否能順利的取得
專利權及是否取得夠大的專利範圍等實質的權益問題，一旦
「專利申請書」送件之後就無法再做實質性的修改，事後也只能
提出較小層面的補充或更正而已，且補充或更正送件都是須再
繳交規費的，所以若撰寫上有所缺失，就會造成難以補救的遺
憾，因此若申請人對自己的撰寫功力沒有把握的話且經濟上有
能力支付代理人的服務費用時，不妨交由專業的代理人來代
勞。

若創作人要自己申請專利，就必須瞭解一下「專利申請書」
的撰寫應注意哪些事項，首先專利申請書包括了四大部分（詳

見附錄中專利申請書範本），即申請人的基本資料與宣誓書、創作（發明）摘要及內容說明、申請專利範圍、圖式等。關於「申請人的基本資料與宣誓書」只要照實填寫即可。再來是「創作（發明）摘要及內容說明」的撰寫必須要詳細的揭示有關先前的技術實況以及本身的新創作之目的、技術特點、可達成何種功效，並將創作本身的各種細節操作原理一一加以解說到「可使熟悉本技藝人士據以實施」的程度，並且撰寫時應注意對於「技術用語」應有一致性的用詞，避免含糊模稜兩可的文句等，如此才能確保專利審查人員不會曲解該項創作的原意，順利通過審查的機率也才會較高。再來是「申請專利範圍」的撰寫，就是用文字來宣告你的創作專利權限範圍有多大，權限範圍愈大則這個專利就會愈有價值，因為後人再來申請該類專利時就愈難跳脫出你的權限範圍，後來者就不易再取得該類創作的專利許可，就能排除他人的競爭。所以「申請專利範圍」的撰寫在整個專利申請書中是非常重要的部分，用字遣詞應字字斟酌小心。最後是「圖式」的繪製，圖式可以是立體圖、分解圖、機構圖、剖面圖、電路圖、示意圖、方塊圖、流程圖等，依申請人表達創作的需要自行繪製，其用意很單純，就是要讓熟悉本技藝人士能按圖索驥，更明確的來瞭解相關的技術細節，在繪製圖示時應注意「指定代表圖」中的元件代表符號說明要統一，且各圖中的標號，要能對應到創作內容說明文中的

專有技術關鍵名詞上。

另外，對於創作品在提出專利申請前已先行公開或展覽者，依專利法第22條規定「因研究、實驗者或因陳列於政府主辦或認可之展覽會者，必須於其事實發生之日起六個月內提出專利申請」，否則即會喪失其新穎性而無法獲得專利權，這一點申請人應注意。

如有意申請外國專利者，目前與我國簽訂專利優先權協定國家包括：美國、澳洲、日本、德國、法國、瑞士、列支敦斯登、英國、奧地利以及世界貿易組織（WTO）會員國各國，均可主張「專利優先權」，發明及新型專利必須為在台灣提出專利申請之日起十二個月內提出，而新式樣專利必須為在台灣提出專利申請之日起六個月內提出才具有效性。

2.07 如何選擇專利代理人？

當你有創作須要申請專利時，若自己無時間撰寫專利申請說明書或不知該如何撰寫時，則可委託專利代理人來辦理，坊間專利事務所及律師事務所有上千家，如何去選擇一家良好的事務所做為代理人去申請專利則是相當重要的一件事，若不慎交給一家信譽不良的事務所代辦，可能會發生專利技術機密外

洩給第三者，使得他人搶在先前提出送件去申請專利或專利申請說明書撰寫功力不夠，而無法幫委託人爭取到最大的「申請專利範圍」等損及自身權益情況。

一般而言請事務所來做創作案的粗略評估，如創作是否符合專利申請要件、專利申請的各種問題諮詢等，都是不收費的。而在目前坊間已有出現一些專利事務所推出所謂「保證取得證書」的代辦方案，其作法為委託人所提出的專利申請案事務所會將之嚴謹詳細的評估，若認為確實可以取得證書，則雙方再簽訂合約履行，但收費價格加倍。若未取得專利證書，則將退還所有已付之費用，目前已有許多發明人採取這種方式進行委託代辦。

以下幾項評選事務所的原則供參考：

1.是否為專業的專利事務所？

最好是委託專業的專利事務所來代辦，雖然一般法律事務所也可代辦此類業務，但通常的法律事務所大多以處理民事的訴訟案件為主，若專利案件事務並非該事務所的專長業務，恐怕會影響專利的服務品質，畢竟專利案件的處理與一般的訴訟案件仍是有所差別的。但目前有些律師事務所，在非專長的業務部分會與其他專業的專利事務所合作，當接到非專長的專利個案時，則會用合作承辦的方式來服務委託人，以確保服務品質。

2.事務所中是否有足夠的各領域專長工程師？

某些事務所會因為了降低人事成本，而未聘有足夠的各領域專長的工程師，然而專利申請說明書的撰寫通常都要牽涉到專業的技術層面，若由一個技術背景不相稱的人來為你撰寫時，可能會詞不達意，無法完全表達出你的技術思想，也就無法為委託人維護最大的申請權益。

3.專利工程師的流動率是否太高？

從專利案件的申請到取得專利證書都要耗費相當久的時間，若事務所內的專利工程師流動率太高，則客戶委託交辦的案件可能會一再的轉手交接多人處理，易造成申請流程中的疏失，而損及委託人的權益。

4.收費是否合理？

在國內委託申請專利案件有其約略的費用行情，雖因各事務所的作業成本不一而收費有所差別，但其行情上的要價應不致於太離譜。

5.服務處所的選擇

常有發明人會為了選擇較低價的專利事務所而捨近求遠，專利代理業務講求的是「服務品質」，委託的專利事務所若距離太遙遠，當有問題要溝通或補件時會很不方便，就如同我們在購買家電產品一樣，最好選擇住家附近的商家來購買，如此才不致於為了省小錢而忽略到重要的「服務品質」問題。

專利的申請長久以來就被認為是一種「以小搏大」的工具和手段，相對的，它也有背後潛在的龐大商業利益的可能性，少則數十萬，多者以億元計算。所以若有一個新的構思或新的研發成果，如你認為它的可行性高，且市場上尚無類似的技術或產品出現，千萬不要遲疑的儘快提出專利申請，以保護自己的研發成果。因台灣專利是採「先申請主義」，若不幸被別人先行送件提出申請，那你的一切辛苦所研發的成果都將成為泡影。目前委託由專利事務所來申請專利的費用一件約15,000～28,000元的行情，若以近年來的平均核准率70～80%計算，對照數十萬至億元的背後潛在龐大商業利益，相形之下，這些申請費用成本及風險，可說是微不足道的，難怪依據智慧財產局的統計數字顯示，近二十年來每年所提出專利申請案件數幾乎都是年年成長的（請參閱附錄中相關統計資料）。

國內的專利事務所通常皆能提供下列的服務項目：

1. 專利公告資料的查詢服務。

2. 發明、新型、新式樣專利申請（國內及國外）。

3. 發明、新型、新式樣專利舉發、讓與、授權……等相關事務。

4. 專利資料檢索、調卷。

5. 專利案件行政救濟。

6. 專利爭訟之鑑定。

7.一般專利事件的諮詢服務。

代理服務費用會因各國地區及申請案件專利技術的難易度而有所差異,專利事務所委辦事項一般行情供參考如下:

1.國內申請專利(不含規費)

發明(每件):NT.20,000～28,000元

新型(每件):NT.18,000～23,000元

新式樣(每件):NT.15,000～18,000元

2.國外申請專利(不含規費)

發明(每件):NT.50,000～100,000元

新型(每件):NT.40,000～60,000元

新式樣(每件):NT.30,000～48,000元

以上為一般申請代理服務費用,若申請過程中遇到中間須再簽辦的狀況時,則須再另外加付服務費及規費等費用,國內申請部分每次約須幾千元至1萬元左右,國外申請部分每次約須新台幣2～3萬元。

2.08 師生如何運用校內設備進行發明?

目前許多學校為鼓勵師生創新及提昇研究水準,會依「科學技術基本法」、「政府科學技術研究鄉發展成果歸屬及運用辦

法」、「專利法」……等相關法令，制定校內的「研究發展成果管理辦法」，這類辦法皆會明訂接受民間企業資助、政府補助、委辦或出資之科學技術研究發展案件的實施辦法及權益之歸屬，各校也會依其本身的特質及行政管理需要制定各具特色的管理辦法與校內設備應運用的規則。

一般而言，制定管理辦法的重點會有下列幾項：

1. 校內管理單位：一般會成立「技術轉移中心」或類似單位，以為校內統籌行政管理工作。

2. 明訂職務與非職務產生之創作：區別職務與非職務創作之權利義務（若為職務上的創作，出資人具專利申請權與專利所有權而創作人具申專利署名權）。

3. 研發成果之權益歸屬與管理：包括：專利申請及維護、使用授權、技術轉移、信託、委任、訴訟、收益（權利金、衍生利益、技術股份持有）分配等其他相關之事宜。

4. 收益分配比率原則：一般會扣除專利及相關規費、人事、業務、推廣費用等成本後，依所制訂之比率將收益分配給資助機構、校方、創作人等三方。若出資者為校方之研發成果，則收益分配為校方及創作人等二方。

若所屬學校尚無制訂此類辦法者，也可參考本書法規篇中各相關法規與校方分別達成協議，借用校內設備資源從事研究發明工作，校方應會樂見其成的。

2.09 專利布局的考量

在全球化的競爭時代下，各國對於專利的取得與全球化的布局都相常的重視，近年世界經濟論壇為強調創新智慧能力強弱對於一個國家未來競爭力的影響，而以各國的「專利獲准數」指標來做為衡量「國家創新能力」的一項重要指標。若要提昇國家整體及企業的競爭能力，創造技術領先的優勢及阻礙追隨者的加入競爭，取得專利權的保護是一種重要的手段。而專利布局的考量在智慧財產的管理上有著極為重要的地位，過去台灣的中小企業及發明家們並不太注重海外的專利布局，但現在海外的投資活動日益頻繁，大家也逐漸意識到專利布局與保護的重要性。

所謂有良好的專利布局，並非在各國申請並均取得專利權就是良好的布局，因為在現今技術的變化非常迅速，而且專利申請及維護的成本也相當昂貴，史丹佛大學（Stanford University）曾做過統計，在美國平均一個專利的生命週期，從提出申請開始至每年的規費支出直到年限期滿，約要花費2萬美元（以匯率1：33計算約66萬新台幣），所以專利要如何布局才符合成本與效益是須用心好好去衡量評估的。

專利的布局可分為國內與國外兩部分，在國內部分首先要

考慮該項專利技術的發展所處「技術生命週期」的時點為何？
是處於「技術萌芽期」、「技術成長期」或「技術成熟期」。若
你的專利是一種新興技術，尚處於技術萌芽期，則專利應多申
請，尤其在申請專利範圍方面應儘量放大，以便使你的專利能
先卡位在最有利的位置。若是處於技術成長期，則應儘量尋求
核心技術之改良及調查清楚當前他人的專利技術發展情況，以
避免重複的研發或誤踩專利地雷。當處於技術成熟期時，除尋
求技術之改良及調查他人的專利技術發展情況外，應儘快尋求
新的替代技術。而在專利卡位策略方面，以往時常可以發現在
台灣有一些快速追隨者（老二主義的公司），就在一些處於技術
萌芽期的大專利旁邊部署一些小專利，用意在於卡住這個大專
利的發展，以便來日搭順風船，迫使與擁有大專利的雙方交互
授權，就能以較低的成本得到授權技術，來各取所需。在國外
部分除考慮前述技術發展所處的各時期階段應注意的事項外，
更重要的是要衡量其「必要性」，以往常見台灣的個人發明家，
其創作除在台灣申請專利外，也漫無目的的在國外許多地區申
請了專利，來表示自己的創作很具價值，而沒有依實際的布局
需要才去申請的原則處理，這種觀念和作法不是很妥當，也不
太符合專利成本效益的管理。我們要知道申請國外的專利是很
昂貴的，由專利事務所代辦申請時光是從申請到專利證書核准
下來，一個專利案件可能就須花費新台幣10至30萬元（視申請

國別及申請過程是否順利而定），這還不包括日後每年應繳的專利年費。因此國外的專利申請及維護費用是相當可觀的，一般而言，創作發明在考慮是否有申請國外專利的「必要性」考量有三點：

    1.本創作品是否已有將產品行銷到該國或已在該國進行生產製造。

    2.本創作品在該國是否具有潛在的市場，且以後可能會在該國行銷或製造。

    3.本創作品的專利權是否可能在該國「授權」或「賣斷／讓與」出去。

若未經過以上的考量而一味的到國外申請專利既浪費資源又沒有效益產生。所以目前對於國外的專利權申請，有許多個人發明家已瞭解到這一點，除考量實際的「必要性」之外，更是採重點式的申請，尤其是在市場較大且工業科技水準較高的國家，如美國、日本、中國大陸、歐盟國家等做為優先申請的目標，以達到較好的經濟效益。

在台灣，較有規模的公司，在公司內部一般皆會設有法務部門，由專人來處理國內外的專利申請與管理問題，相對的所須支出的成本就會較低，也能較有效率的處理國外授權與行銷、製造的事務，發揮較大的產業效益。

2.10 專利價值的鑑價方法

　　專利是智慧財產也是無體財產權，在未具體實施前看不到也摸不著，所以要進行實際買賣或質押時價值的估價若無一套客觀的方法，想要實際去估價實在是很困難的事。在目前無論國內外的發明界已有一套慣用的估價模式，這套模式是有其相當的客觀性的，雖因各技術種類及各產業的專利估價狀況略有不同，但有其共通性。

「買方」觀點

　　以「買方」的觀點而言，鑑價方法可分為「市場比較法」、「成本法」及「效益法」等三方面。

　　1.市場比較法

　　此法即是將以往類似的產業技術實施的結果價值拿來相比較，以推估本次鑑價案件的價值，但實際在進行分析時，則必須取得很多客觀的數據資料，如此方能真正的做到客觀的評價。

　　2.成本法

　　以要實施該專利時所須再投入資源的多少（含人力、資金、時間等）或是導入新技術後能取代舊技術，可降低多少成

本來計算。

3.效益法

以未來可得到的經濟效益作為評量點，其價值尤其是以可直接或間接得到的「現金流量價值」最為專利的買方所重視。

 ## 「賣方」觀點

以「賣方」的觀點而言鑑價要項有下列幾點：

1.研究開發經費

以該專利技術的研發過程中，發明人所投入的資源費用有多少，來作為評估的參考因子。

2.附加價值

因該專利的知識產權所延伸出來的其他價值。

3.二八定理

因技術創新而產生的利益，20%歸發明人（賣方）所有，80%歸實施者（買方）所有。

4.時間因數

將專利的剩餘有效年限列為評估因素，有效年限愈長者，則愈有價值。

5.授權領域

是否將專利的「技術授權領域」或「地域授權領域」作切割，也會影響到鑑價的價值，技術領域或地域領域愈大者當然

會愈有價值。

6.市場供需與競爭者

市場上已有的類似專利技術是否很多，其技術的替代性爲何？或是爲獨有的專利技術，尚無競爭者，這也是影響評價的因素之一。

7.股票折讓價值

專利權人若以技術入股的方式，參與新公司的該項專利實施，公司應給發明人多少的入股股份以作爲報酬。

客觀的鑑價須綜合「買賣雙方」的觀點，如此才能取得較爲合理且雙方都能接受的結果，以上所述幾點鑑價方式主要用於買賣與質押時的專利鑑價，供發明人參考。以目前發明界的實務經驗，若專利以授權方式合作生產製造時的授權權利金模式則較爲單純，一般而言屬「設備性」的專利產品（如自動停車塔專利技術、冷媒回收機的生產專利技術……等），則專利授權人大約可得產品售價的8～20％之權利金，若屬民生用「消耗性」的專利產品（如冰棒的新製造方法、新研發的清潔抹布……等），則專利授權人大約可得產品零售價的2～10％之權利金，這些授權方式的參考行情爲一般的情況，其實授權權利金會因各種不同的狀況而有所差異，無法一概論之，只要授權者與被授權者雙方同意也覺得合作條件滿意，其實並沒有固定行情的。

2.11 如何撰寫企劃書？

　　一個優良傑出的發明創作，如果沒有一份優質的「專利權買賣授權企劃書」，其專利權的買賣或授權等尋求買主來投資的推廣活動，所能收到的效果將大打折扣，反之若能備妥一份完善的企劃書必可得到相對的加分作用。每一項發明創作都是發明人經過長時間辛勤付出後的結晶，若在最後推廣的階段無法有效地尋得投資者將之商品化，則前段的辛苦都將付諸流水，也無法為發明人帶來實質的獲利，十分可惜，故專利權買賣或授權的企劃書就更顯得它的重要性了。在歷年的全國發明展或其他的展覽會中，常可見到有很多發明人的創作品專利權要尋求投資者將之商品化，但大部分的發明人不是沒有準備「專利權買賣授權企劃書」，就是寫得太過簡略或是寫得太過長篇大論而不知所云，這些現象都是值得發明人再去思考及努力的地方。

　　企劃書的目的，就是要讓企業家投資者能很快正確的瞭解該項創作品的特點、商品化的利基所在與投資者須付出的成本有多少等，這些都是投資者們最關心的事情，所以一份優質完善的企劃書，無論是用於展覽會場上或主動向企業郵寄或親自登門拜訪推薦等都將能讓投資者動心，進而願意投資使之商品

化，創造投資者與發明人雙贏的局面。

　　以實務面而言，專利權買賣授權企劃書最好能準備兩份，一份為「重點式」的企劃書，另一份為「完整式」的企劃書，其重點式企劃書的作用為用最短的時間吸引投資者的目光，能引起想要進一步瞭解的興趣，然後再以完整詳細的企劃書來為買主做較為深入的分析，所以第一份「重點式」的企劃書篇幅不宜太多，約一至三頁就已足夠，如能放入創作品的照片則更佳，其主要內容可由第二份的「完整式」企劃書中將重點萃取出來。而第二份「完整式」的企劃書撰寫時提供以下一些建議給大家參考。

 ## 企劃書的格式

　　企劃書的格式包含三大部分，分述如下：

1. 封面：包含企劃書名稱、企劃者姓名、聯絡資料（電話、地址）、撰寫時間（年、月、日）等。

2. 內容：包含摘要、創作品特點、應用場合、市場目標、投入資源項目及費用預算表、導入商品化開發時程進度表、權利金報酬支付方式、成本回收預測、獲利回饋預測、其他附加價值預期效果等。

3. 附件：包含參考的文獻有關資料、市場調查相關佐證資料等。

撰寫時應注意事項

1.摘要內容是關鍵

摘要是整份企劃書的精華所在，篇幅雖然不大，但投資者往往是依摘要中的論述來判斷是否繼續深入瞭解內容或就此放棄，所以摘要的撰寫須特別加以用心。

2.企劃目標要明確

產品及市場目標通常是企劃書的重點，撰寫時應力求明確具體，例如，產品是老人用的醫療輔助器材時，就須說明什麼樣的病患是非常須要這種器材的、目前全台灣或全世界有多少這樣的病患人數、有多少病患人口比例是有能力購買者……等。

3.導入SWOT分析

SWOT即Strength（優勢）、Weakness（弱勢）、Opportunity（機會）、Threat（威脅），導入SWOT分析是一般所稱的「策略規劃」過程中相當重要的一環，發明人可就創作品與其他相關產品進行優勢、弱勢、機會、威脅等各項特質的分析，做為策略規劃時的重要參考，來說服投資者。

4.要價的原則

在企劃書主要內容中的「投入資源項目」裡，會有一部分提及專利權買賣或授權方式投資者須支付多少報酬給發明人，

在這部分發明人的要價應確立一個原則，那就是「要價要讓買主感到有點心痛，但不要高到讓買主不得不自己發明創作」，要價算得如此精準，雖然並不是一件簡單的事，但總是值得發明人去努力的一個目標。

5.注意編撰結構與錯字訂正

企劃書給投資者的第一印象很重要，所以若發生文案內編撰結構混亂、用詞語法錯誤、錯別字一堆……等，種種令人留下不好印象的企劃書，恐怕會讓投資者心理感到疑惑與不安。

6.勿過於吹噓

過於吹噓是很多發明人會犯的毛病，強調自己的創作的優點是應該的，但最好是能舉實例比較說明，千萬不要太過吹噓誇大，以免令人懷疑其人格誠信。

7.用語要肯定

企劃書中的用詞應以肯定用語為要，例如，「必定……」、「一定會……」、「確定……」、「能……」、「可以……」，而要避免缺乏信心似的含糊用詞，例如，「可能……」、「或許是……」、「大概……」等，易令投資者引起質疑的字句。

8.數量與品質

企劃書的頁數與品質並沒有一定的關係，一份優質的企劃書也不一定是長篇大論的，篇幅過長投資者不一定有時間看，撰寫應把握「言之有物，簡潔中肯」為原則，一般而言，篇幅

約為二十至三十頁是較適當的。

古有明訓：「事之成敗，必由小生」，上述的幾點撰寫時應注意的事項，乍看之下雖是小事一樁，但有很多的機會其實都是由小事小細節所累積而來，更何況是一份對發明人而言相當重要的企劃書。

2.12 如何將專利技術商品化？

只取得發明專利權並不能為發明人帶來實質的經濟利益，唯有將專利技術落實商品化中才能有真正的利益產生，這些實質的利益不但可為發明人帶來金錢上的直接收入及能激發再研究發明的動力外，更能使這些發明成果分享給其他人，為整個社會帶來福祉與便利。但大多數的發明人要將專利技術商品化時，所面臨到最直接的問題就是「資金的來源」及「產品的行銷」這兩大難題，在目前台灣的大環境中，若發明人無法完全自行處理解決這兩個難題時，則可考慮向外求援來協助，使之達成商品化的目標，以下提供一些協助的「方法」及「管道」給讀者參考。

達成商品化目標的三種方式如下：

1.專利權由發明人自行實施使之成為商品化

這種方式以商品化的過程而言最為單純,利益所得也全歸發明人所有,但在實際執行上卻是最為艱難也最為辛苦的一種方式。因為從「資金的來源」、「專利技術的應用到商品生產」、「產品的行銷」都由發明人自行來處理,不用藉助於外力,省去與他人合作的各種事宜和可能的紛爭,當然以整個商品化的過程而言是最為單純的。但這種方式的艱難及辛苦之處,就正因為什麼是自己來,所以此種從頭至尾各項事務並無專業分工的作法,這對發明人來說是一種很大的負擔和挑戰。

2.專利權讓與賣斷完全交由他人實施使之成為商品化

這種方式對發明人而言是最為方便且權益所得最為清楚的作法。因為只要發明人與專利權買家雙方協商買賣條件達成,簽約完畢及在智慧財產局辦理專利權轉移登記完成,買方履約交付給發明人應得的權利金,就算大功告成了。以後有關該專利商品化的資金、生產、行銷等事務全由專利權買方自行負責,日後若產品暢銷對原發明人而言並不會再增加收益,相對的,若產品滯銷也與原發明人無關。

3.專利權授權他人實施使之成為商品化

這種方式對發明人的應得權益最有保障,但實施過程則較為複雜。以發明人權益的角度來看,這種方式能依實際商品銷售的狀況依其比率取得相對的權利金,商品銷售狀況愈好,發明人就能有愈多的權利金收益(不同於上述第2項的讓與賣斷方

式，以一筆固定的買賣價金，轉移其專利所有權，此後該專利的收益狀況與原發明人無關）。而實施過程之所以較複雜，即在於發明人與被授權者必須長期合作及互信，無論從授權條件權利義務的協商、合約的簽訂、生產技術的轉移、實際銷售狀況的互信、是否如約給付權利金給原發明人等，都須要雙方具有耐心的執行及真誠的互信。在許多的合作失敗案例中，常是因為雙方缺乏執行的耐心及互信的基礎上。

以上三種達成商品化的方式，發明人要採取哪一種方式較為適宜並沒有一定的答案，完全要看個人的時空環境條件自行衡量，以採對本身最有利的方式為之。

在台灣目前的環境中要將專利技術商品化除了發明人自行實施外，其他可尋求外界協助的管道大致可參考下列幾項：

1.多參與各項國內外的發明展

每年國內外舉辦的發明展場次相當多（請參閱附錄中「國內外各項發明展覽資訊」），在各種的展覽會中，就有很多的企業家或投資者在尋找新的產品，發明人可利用這些機會找到有意的投資者，將你的專利商品化。

2.加入中小企業處推廣的創新育成中心

加入創新育成中心的行列也是個很好的方式，中小企業創新育成中心創立於1996年，在運用中小企業發展基金的推動下，現在經濟部中小企業處已和很多大學及公民營機構合作成

立「創新育成中心」，請參閱附錄中「中小企業創新育成中心簡
介」及「中小企業創新育成中心索引資料」，育成中心能協助發
明人減輕創業過程的投資費用與風險，增進初創業者的成功
率，及提供產學合作場所，加速產品順利開發與營運管理之諮
詢服務。每個育成中心依其特色及專精領域的不同，所配合輔
導的專業類別與對象也有所差異，發明人不妨先去到各育成中
心諮詢，想必會有所收穫的。

　　3.尋求創投公司資源加入

　　備妥你的發明作品相關資料，主動請創業投資公司評估可
行性及投資開發商品化。我國自1983年引進創業投資事業，創
業投資公司非常的多，如中華創投、華彩創投、華陽開發、台
灣工銀創投、中科創投……等約200家之多，詳細的資料可由中
華民國創業投資商業同業公會網站（http://www.tvca.org.tw）查
詢及參閱附錄中的「創業投資公司索引資料」，每一家創投公司
都有其專長的創投領域，有些是電子業，有些專攻高科技，某
些主要焦點在電機、機械領域，或主力放在生化領域者，也許
某些創投公司只對重大投資的大案子有興趣，但也有很多創投
公司主要是在看產品及技術將來是否深具發展的潛力，而來決
定是否投資的。所以發明人可視所需尋求這些創投公司的加
入，讓你的發明作品能早日實現商品化。

　　4.委由各發明協會尋求合作者

　　台灣目前的六個發明人協會（台灣省發明人協會、台北市發明人協會、高雄市發明人協會、中華發明協會、中國國際發明得獎協會、台灣傑出發明人協會）大多有推介專利權合作投資生產或專利權買賣轉讓等項目的服務，發明人可將已取得專利權的案件，委由適當的發明協會來尋求投資合作者，一般情況若媒合成功，各發明協會就會合理的向發明人抽取約10～15%的媒合服務費，以做為該發明協會的會務基金。關於各發明協會的聯絡資料請參閱本書實務篇中「台灣的發明社團與協會」。

　　目前台灣各專利事務所除幫發明人辦理專利案申請外，也大多有仲介專利權買賣的業務，當然也是須收費的，各家收費情況也會有所差異，發明人不妨多諮詢比較幾家。另在智慧財產局的網站（http://www.tipo.gov.tw）中的「專利商品化」網頁內也可讓發明人來登錄尋求合作的對象以進行商品化。

　　5.自行推廣尋求合作者

　　以前有很多發明人是用這種方式推廣尋求商品化途徑，自行登報尋求合作者或寄DM給目標對象，或自備商品化投資的企劃書，親自登門拜訪相關企業公司毛遂自薦，總之這種方式要發明人勤於主動出擊，也許就能遇到有獨具慧眼的投資者來加入，將你的專利商品化。

　　以上這幾種管道只要發明人多方交互應用，相信要將有商品價值的專利技術給予商品化應不是太難的事。

2.13 台灣的發明人社團與協會

目前台灣的發明人協會依其成立的宗旨不同有：台灣省發明人協會、台北市發明人協會、高雄市發明人協會、中華發明協會、中國國際發明得獎協會、台灣傑出發明人協會等六個，發明人可依個人需要，加入各有關協會成為會員，個人會員入會手續費約新台幣500至1,000元，每年年費約須繳交新台幣1,000至3,000元之間，就能享有協會所提供的各種資訊及服務。其他相關組織機構、社團包括：台灣發明博物館、中華創意發展協會……等。以下提供各協會的成立宗旨及服務項目與聯絡資料等資料供有意加入會員者參考。因多數協會辦公室為租用性質，故地址及電話時有異動，以下聯絡資料若日後有所變動時，可隨時向電話查號台104、105查詢。

台灣省發明人協會

成立宗旨：維護會員專利權益，促進工商業發展，支持政
　　　　　府經濟建設，確保會員應有權益。

主要任務與服務項目：

一、協助會員國內外專利案件申請及應得之獎勵。

二、協助會員處理有關侵害專利權取締或糾紛調解。

三、推介專利權合作投資生產或專利權買賣轉讓等。

四、協助會員辦理新產品報導等有關事項。

五、舉辦發明專利技術研討會及演講會事項。

六、每年主辦瑞士日內瓦國際發明展組團前往參加。

七、舉辦「發明創業研習營」傳授發明與創業經驗。

八、設有「發明專利品展示櫥窗」展出會員專利發明。

九、其他有關政府諮詢、委託、研究、建議改進事項。

聯絡資料：
會所地址：台北市北投區立德路121巷13號
電話：02-2891-4050
傳真：02-2891-4071
網址：http://www.typ.net/invent/taiwaninvent.htm
E-mail：racso@ms4.hinet.net

 台北市發明人協會

成立宗旨：維護國人發明專利事業，促進工商業發展，加
速經濟建設，及增進會員福利等宗旨。

主要任務與服務項目：

一、協助國內外專利案件與獎助金之申請。

二、協助會員參加國際發明創新展覽會事宜。

三、推介投資生產專利品，及協調專利轉讓、出租之糾

紛。

四、協助會員辦理新產品報導等有關事項。

五、 辦理國內外發展，專利技術研討會，以及專題演講。

六、 相關法律之諮詢，專利保護法的研究與改善建議。

七、 聘請專家協助評估專利品之開發生產，市場銷售等。

聯絡資料：

會所地址：台北市信義區富陽街38號1樓

電話：02-2378-1122

傳真：02-2378-2323

網址：http://www.100p.net/holyx

E-mail：holyx@100p.net

 高雄市發明人協會

成立宗旨：以「開發腦力資源，從無中生有，到達有中致
富，創造人類福祉」為宗旨。

主要任務與服務項目：

一、保護發明人之專利權益、提供科技新知資料查詢。

二、推薦優良發明作品獎勵、協助發明作品文宣報導。

三、推行全面性反仿冒運動、保護工商發明正常運作。

四、推行全民研究發明運動、義務協助少年兒童發明。

五、協助地方推行生活建設、促進兩岸發明人之交流。

聯絡資料：

會所地址： 高雄市三民區大順三路316巷38號1樓

電話：07-386-7667

傳真：07-384-4646

中華發明協會

成立宗旨：結合全民力量，促進發明事業之蓬勃發展，維
護發明權益，加速經濟建設，增進會員福利。

主要任務與服務項目：

一、提昇全民發明教育及推展發明實務

二、提昇發明水準並促進發明家與企業界之合作。

三、推動各種發明作品之獎勵及資助。

四、對個人或團體提供研究發明技術輔導與協助。

五、舉辦有關科技發明技術之研討會及演講會。

六、提供國內外有關發明科技之資訊服務。

七、促進國際發明團體之交流合作。

八、有關政府與企業界之發明諮商、委託、研究及建議之
事項。

推廣服務：

一、設置專利諮詢、申訴、陳情專線服務。

二、舉辦「小學發明種子列車巡迴演講」。

三、赴各大專院校、企業作發明相關專題演講。

四、設置智慧財產權叢書服務中心。

五、隨時通知國內外發明展消息。

六、隨時通知國內各項發明獎助金甄選。

七、登錄專利權轉讓。

> 聯絡資料：
> 會所地址：台北市中正區愛國東路60號6樓之1
> 電話：02-2351-6336
> 傳真：02-2351-6989
> 網址：http://www.invention.com.tw/
> E-mail：csi.world@msa.hinet.net

 ## 中國國際發明得獎協會

成立宗旨：維護會員專利權益，促進工商業發展，支持政
　　　　　府經濟建設，確保會員應有權益。

服務項目：

協助會員處理發明相關事項及提供各種發明訊息。

> 聯絡資料：
> 會所地址：宜蘭縣頭城鎮新興路31號
> 電話：03-9770882、03-9778308

傳眞：03-9774046
中部服務處（電話）：04-2521111
南部服務處（電話）：05-6324281

 ## 台灣傑出發明人協會

成立宗旨：強化發明人之作品商品化，進軍國內外市場促
　　　　　進台灣成爲綠色科技島。

主要任務與服務項目：

一、推動傑出發明人高科技研發事宜。

二、推動傑出發明人士相互觀察研究活動事宜。

三、推動傑出發明人士與政府相關交辦事宜。

四、推動傑出發明人士優良作品國內外參展事宜。

五、推動傑出發明人作品與政府之獎勵事宜。

六、推動傑出發明人作品進軍國內外市場事宜。

七、推動傑出發明人士育成及商品化事宜。

八、協助保障會員專利權益事宜。

聯絡資料：
會所地址：台中市北屯區河北路2段111號11樓之2
電話：04-2238-0469
傳眞：04-2236-3409

網址：http:// www.inventor.org.tw/eip/index.html

E-mail：oake.a123@msa.hinet.net

 台灣發明博物館

成立宗旨：結合全國最優秀的人才，為全世界人類的生活
　　　　　來貢獻。。

主要任務與服務項目：

一、給發明人一個智慧分享的園地。

二、給企業家一個創意實踐的機會。

三、給教育家一個傳播的教室。

四、給效能政府一個可整合資源的全民列車來推動智慧經
　　濟。

聯絡資料：

館所地址：台中市西屯區河南路二段406號2樓

電話：04-24528848

傳真：04-24528852

網址：http://www.e-tim.com.tw/

E-mail：tim@e-tim.com.tw

中華創意發展協會

成立宗旨：

一、增進個人與群體之創意發展及促進教育、科技與管理
　　之創新，進而提昇國民生活品質。

二、蒐集國內外有關創意發展之新知、與成果，提供國人
　　參考。

三、拓展國際性，與國際創意發展相關組織結盟，共同提
　　昇創意發展能力。

主要任務與服務項目：

一、舉辦創意發展及教育、科技與管理等創新之學術研討
　　會、研習會、講座及培訓活動。

二、舉辦創意發展及教育、科技與管理等創新之競賽及展
　　覽活動。

三、舉辦創意發展及教育、科技與管理等創新之研究。

四、發行創意發展及教育、科技與管理等創新之刊物、叢
　　書、錄影帶及電子媒體等。

五、協助企業舉辦創意發展及教育、科技與管理等創新活
　　動。

六、舉辦創意發展及教育、科技與管理等創新之國際性學
　　術會議與競賽等交流活動。

七、舉辦其他與創意發展及教育、科技與管理等創新之相
　　關活動。

聯絡資料：
會所地址：台北市和平東路一段129之1號（國立台灣師範大學科
　　　　　技大樓5樓506室）
通訊地址：台北郵政7-513信箱
電話：02-23924058、02-23957752
傳真：02-23946832
網址：http://www.ccda.org.tw
E-mail：hong.ccda@msa.hinet.net

---

❼～⓮

2.14 關於發明展與發明獎勵

　　發明展可說是發明人將創作品公開展出推廣最重要的場
合，無論是一年一度的全國發明展（2004年起更名為國家發明
創作展）或其他的展出機會，發明人應多參加這類的展出，來
做有效推廣自己的創作，有關國內外各種發明展覽會的資訊可
參閱本書附錄中「國內外各項發明展覽資訊」，每一種展覽的規
模大小不一，屬性也略有不同，但對發明人而言都是很好的公
開推廣場合。

全國發明展與獎勵

在台灣每年舉辦一次的全國發明展，由政府機關智慧財產局主辦，及台灣的各發明協會協辦，是台灣規模最盛大也最重要的展場，為了推廣發明創新的活動，以前每屆都是分別在北區（台北市）、中區（台中市）、南區（高雄市）三個地區分別展出，供一般民眾及企業家投資者免費參觀，無論是主辦、協辦單位及發明人都是投入相當大的資源在上面，三場展覽完畢約耗費一個月的時間，近年則改為每次以選擇單一地點展出的模式舉辦。

發明人若有須要報名參加可隨時向智慧財產局查詢每年的報名時間日期，且報名參展均為免費，智慧財產局會由每一年度報名參加的作品中，審核符合參展規則且優良新穎的作品約200～250件之間正式參加公開展出，在展出期間，主辦單位會邀請許多各領域學有專精的專家學者擔任評審委員來進行各參展品的評鑑，由參展人親自向評審委員解說參展品之結構、特點、功效後加以評分，為求公正客觀，每件參展品至少會有三位的評審委員進行評鑑，評審委員所採之評分標準是依參展品之整體結構、外觀及運用之技術作評量，並以技術在產業上利用性占25%、進步實用性占25%、設計新穎美觀性占25%、已經商品化占25%的分數比例為標準進行評分，評審成績由主辦單

位彙整排序，送請評審複審會議確認後，依序錄取「金頭腦獎」30件（以內），「優良獎」30件（以內），並擇日舉行盛大的頒獎典禮給予發明創作人公開表揚，發給「金頭腦獎」得獎者獎狀及獎金新台幣12萬元、「優良獎」得獎者獎狀及獎金新台幣5萬元，以茲鼓勵。

後續主辦單位並會補助一次出國參展費用，讓「金頭腦獎」與「優良獎」得獎者參加國際性發明展覽會，繼續向國外推廣創作品，為國爭光，若在國際性發明展中又能得獎的作品，回國後智慧財產局會再依「發明創作獎助辦法」（請參閱法規篇）之規定發給獎金新台幣5至20萬元，總統府也會安排時間由總統親自召見給予發明人嘉勉，上述為以往（2003年之前）的辦展概況供參考。

自2003年12月17日又修正最新的「發明創作獎助辦法」，自2004年起則更名為「國家發明創作展」，在展覽區設置方面分為：

▶▶一般展覽區

販賣區：展覽期間可從事銷售，惟以參展品為限。（攤位租金2,000元，保證金5,000元展後無息退還）

非販賣區：不得從事銷售行為。（攤位免費）

（設置作品展出攤位數共約245個）

▶▶ 國家發明創作獎展覽區

販賣區：展覽期間可從事銷售，惟以參展品為限。（攤位
租金2,000元，保證金5,000元展後無息退還）

非販賣區：不得從事銷售行為。（攤位免費）

（設置作品展出攤位數共約55個）

在「一般展覽區」展示之創作品為自由報名，只要符合參展辦法要點的條件者就能在此區展出。而在「國家發明創作獎展覽區」展示之創作品則必須是先行參加智慧財產局辦的「國家發明創作獎」評選，經評選得獎者的創作品則會在此區展出。

國內其他發明展與獎勵

除全國發明展（國家發明創作展）外，國內還有許多較為重要的展覽或創作比賽，如國家發明獎、中華民國發明及創新展覽會、中華文化復興運動總會科學技術研究發明獎、全國學生創意比賽、東元科技獎等，發明人都可以踴躍參加，而且獎金從新台幣幾萬元到幾十萬元甚至高達百萬元，可說非常豐厚，發明人可把握這些機會。

約一百年前（1908年）亞歷山大為紀念他的父親——John Walker先生，而創立於蘇格蘭的John Walker威士忌酒類產品商

標，至今成為全世界排名前三大的品牌，該公司於2001年成立的「KEEP WALKING夢想資助計畫」已於2003年引進了台灣，希望透過實質的獎勵協助個人成就不凡夢想，開創平凡人生的不凡新頁，就如同John Walker自己的圓夢過程一樣精彩。這資助計畫的相關執行工作是由「帝亞吉歐台灣分公司」及「時報文教基金會」主辦，每年舉辦報名的時間約7至10月間，每年資助金額高達1,000萬元新台幣，贊助為不同領域提供「創新思維與策略」的個人夢想（這當然也包含創新發明），使之能順利圓夢，還可免費到英國劍橋大學做專業課程進修，這是個很棒的夢想資助計畫，希望有理想有抱負的夢想家們好好把握這項機會，相關詳細資料及報名可洽服務電話（0800-727-999）或網址（http://www.keepwalking. com.tw）查詢。

國外發明展與獎勵

世界各地的發明展相當多，在參加國外的發明展方面，都是由各發明團體協會主辦，台灣的發明界每年有組團參加的展覽會，例如，德國紐倫堡國際發明展、瑞士日內瓦國際發明展、美國匹茲堡國際發明展及中國大陸國際發明展……等（請參閱本書附錄中「國內外各項發明展覽資訊」所列場次），中華民國參展團成員除在全國發明展中的得獎者獲政府補助費用的

參展者外，也都可以自費報名參加，在歷年的實際參展成果中，中華民國參展團所展出的創作品在國外各個展覽會中獲得很大的好評與肯定，獲得獎牌的總數量時常是各國參展團的第一名，這也表現了在台灣這塊土地上人民的超強創新能力，若參展品能在國外的著名國際發明展（報經智慧財產局核准之發明展）中獲獎者，則智慧財產局會依「發明創作獎助辦法」中之規定發給獎金。「金牌獎」可獲最高20萬元新台幣，「鍍金牌獎或銀牌獎」可獲最高10萬元新台幣，「銅牌獎」可獲最高5萬元新台幣，總統府也會安排時間由總統親自召見給予發明人嘉勉，以上所述為以往（2003年之前）的獎勵概況供參考，並請參閱1998年2月18日修正的「發明創作獎助辦法」原法規。

在2003年12月17日又修正最新的「發明創作獎助辦法」中，則新規劃為將以往「多類別多獎項」的獎勵方式給予精簡整併為單一的「國家發明創作獎」，並且新增加對推廣發明創作具有貢獻者也給予頒發獎狀及獎座鼓勵。關於各單項獎金方面則給予提高，例如，發明專利若參選獲金牌獎者可得獎金高達45萬元新台幣，新型或新式樣專利參選獲金牌獎者可得獎金高達25萬元新台幣。新法令另一項變革是將發明創作之評選與展覽的辦理分別處理。而在獎勵對象方面原辦法獎勵專利權人修正後為獎勵發明人或創作人。因新法剛修正公布不久，希望新法能對發明人有更大的獎勵作用及提昇台灣的發明創作水平。

　　為了促進科學技術的進步，激勵科學探索和技術創新，推動以智慧創新為基礎的經濟發展模式，使我國的科學技術達到世界先進的水準，經濟部現正洽商外貿協會希望能在將來朝向擴大舉辦「台北國際發明展」的方向努力，廣邀世界各國的發明人及發明團體能組團來台灣參加展覽，以擴大展覽的規模及增進我國的發明作品與世界各國交流的機會共創商機。政府及一些民間社團對於鼓勵國人發明創作可說是不遺餘力。所謂「重賞之下必有勇夫」，期盼所有的發明人能在清楚瞭解這些獎勵事項之後，努力的發揮自己的創意創造發明，為自己加油也為台灣加油。❹、❺、⓯

2.15 專利權受侵害時的救濟行動

　　關於專利權受侵害時要如何進行救濟，來維護專利權人應有的權益，若要細說這實在是一個相當大且很專業的題目，專利法於2003年2月6日新修正通過，條文做了大幅的翻修，在此以重點的方式及最常見的狀況來作介紹與探討，以讓發明人能容易的瞭解及建立概念。

　　專利權人若能有效掌握解決專利爭端的機制、方法及途徑，不但能用最適宜的方式來處理，減少相關的事件所帶來的

衝擊與壓力，更可在複雜且曠日費時的救濟訴訟行動中以最有效率且較低的救濟行動成本來維護自身應有的權益。

 當發現他人未經你的授權而仿冒製造販售你的專利產品時

1.先蒐集證據

此事可請徵信公司或自行為之，在蒐集證據時可含對方的廣告宣傳資料，型錄等，最好能實際去買一份仿冒品且取得註明日期、品名、金額的發票及出貨的簽收單，可做為法院對仿冒製造販售行為確定的有利證據及將來判賠的金額計算依據。若你的專利產品並非一般大眾產品，而是少數人在用的高單價專業設備或技術，則必須從非仿冒者的第三者（善意的購買者或使用者）著手，設法向第三者說明專利權的始末及真正的專利權人是誰，讓第三者與你合作蒐集相關證據並願成為法庭上的證人，且應避免第三者向仿冒者告密，而功虧一簣。

2.取得侵害鑑定報告

目前台灣的「專利侵害鑑定專業機構」有68所，皆是由立場較為公正客觀的學術單位和各產業的工程學會及技師公會等組成，例如，台灣大學、台灣科技大學、陽明大學、清華大學、車輛研究測試中心、中國化學工程學會、台灣省機械技師

公會……等 （詳細資料可在智慧財產局網頁 http://www.tipo.gov.tw/ patent/patent_org.asp）查詢到。因專利是否侵害的判斷是一門很專業的學問，若能取得有利於專利權人的侵害鑑定報告，將對法庭上對法官的判決結果發揮關鍵性的作用。（註：雖然在2000年5月19日大法官釋字第507號的頒布，宣布當時專利法第131條專利權人提出告訴時應檢附「侵害鑑定報告」及「侵害排除通知」等規定，宣布該條文即日起無效。但到目前由於在實務上專利權人與法院已習慣此一鑑定報告的採證判斷方式，因此即使是現在的專利訴訟案件，若能提供有利於專利權人的侵害鑑定報告，對於訴訟案件的立案及法官的判決必定有相當程度的助益。）

3.發律師函

委請信譽良好的律師發師函（警告函、公開信、存證信函、廣告啓事……等）的「請求排除侵害之書面通知」，但要注意發律師函的行爲必須符合公平會對其所謂「正當行爲」訂定原則，以免濫發律師函反而觸犯「公平交易法」所規範之不公平競爭行爲。

律師函中可要求侵害人出面和解，若雙方和解條件能達成共識，則雙方進行和解並簽訂和解書，如此是較爲簡便的解決侵害行爲方式，因爲若是投入進行專利訴訟及等待法院的判決與執行畢竟是曠日費時，浪費當事人雙方人力及時間，國家的

司法單位也必須投入動用資源來處理這些案子。

4.提起訴訟

專利權人應檢具有關的事證，如指名仿冒品、仿冒者、仿冒事實地點、交易憑證或廣告資料型錄、請求排除侵害之書面通知（律師函）、侵害鑑定報告、專利權證書影本、訴狀等資料並到下列任一單位提出告訴或檢舉：

（1）向法務部調查局提出檢舉。

（2）向經濟部查禁仿冒商品小組提出檢舉。（電話：0800-211-039）

（3）向管轄之地方法院檢察署提出告訴或告發。（註：管轄之地方法院是指：一、被告住所地之地方法院。二、若被告為法人、公司由其主事務所或主營業所所在地之地方法院管轄。三、也可由專利侵害的「行為地」地方法院管轄，而行為地可以是製造地、銷售地或使用地。）

 ## 專利侵害提出訴訟前的考量與評估

專利權人應瞭解，無論提出何種的專利侵害訴訟，都是必須要付出相當成本的，無論是人力、時間、律師費用……等，對專利權人而言都是一種負擔，在瞭解相關的法律規範定和蒐

集證據後，是否眞的要委請律師處理，並提出訴訟，專利權發明人也有必要衡量一下，包括：訴訟的可能勝算有多少，所能獲得的賠償與付出成本的多寡，是否眞的符合效益，以下這些考量評估項目可供大家參考：

1. 「申請專利範圍」的比對：應比對仿冒品的實施範圍與你的申請專利範圍是否一樣或近似，其相仿的程度爲何？侵權成立的機率有多高。

2. 訴訟期間的「人力」成本。

3. 訴訟期間的「時間」成本。

4. 律師費用與蒐證費用成本。

5. 可能得到賠償金額的多寡。

6. 商譽與市場競爭潛力的價值衡量。

掌握有效的「請求權」期限

依專利法第84條規定：「自請求權人知有行爲及賠償義務人時起，二年間不行使而消滅；自行爲時起，逾十年者，亦同。」

專利損害賠償金額之計算

有關專利損害賠償金額的計算，理論上包括利益說、差額

說、總銷售額說及業務上信譽減損等各種計算基礎，在我國的專利法（依2003年2月6日修正）規定於第85條，以民法第216條規定之損害賠償差額說或依銷售該項物品全部收入之總銷售額說擇一計算。另對於發明專利權人之業務上信譽，因侵害而致減損時，得另請求賠償相當金額。對於故意的侵害行為之懲罰性損害賠償為配合專利刑罰的除罪化，也由原來的二倍調高為三倍。

 ## 假扣押與假處分的保全措施

所謂「假扣押」係指專利權人為確保在訴訟勝訴後能獲得實質的賠償，而請求法院扣押侵權者的動產、不動產以防其「脫產」的行為。而所謂「假處分」係指專利權人為確保侵權者不再繼續從事生產製造、銷售、使用等「行為」，而請求法院禁止侵權者繼續從事這些「行為」。

在侵權案件中若能雙方達成和解是最理想的，但如果不幸必須走上訴訟途徑，由法院來判決時就比較麻煩了，一般的官司訴訟等到法院判決下來快則半年至一年，慢則可能要拖上好幾年，在這麼長的時間裡，若侵權者有心要脫產，必定有足夠的時間來操作，到時候即使法院判決確定專利權人勝訴，恐怕得到的也只是一張沒有用處的「債權憑證」而已。

專利權人在訴訟期間尚未判決確定前，若擔心侵權者有脫產及繼續從事侵權行為之虞時，可依民事訴訟法第522條：「債權人就金錢請求或得易為金錢請求之請求，欲保全強制執行者，得聲請假扣押。」及第532條：「債權人就金錢請求以外之請求，欲保全強制執行者，得聲請假處分。」來進行假扣押及假處分的保全措施。而在申請「假扣押」時，專利權人必須提供擔保金為假扣押標的物的三分之一金額。申請「假處分」時則由法官評估侵權人不作為所引致之損害金額（通常以半年的期間來做金額估算）來裁定擔保金的多少。另在專利法第86條規定：「法院應依民事訴訟法之規定，准予訴訟救助」。目的在協助經濟狀況不佳符合低收入戶條件的專利權人，給予免繳擔保金的優惠。

被競爭對手提出專利侵權訴訟時如何自保

在這個競爭激烈的市場中，也許會遭競爭對手以專利侵權訴訟來抵制或削減對方的市場競爭力，若接到競爭者的侵權警告律師函時，該如何處置，以下一些建議供參考：

1.先比對確認雙方的申請專利範圍

自己先確認是否誤觸對方的專利範圍，並主動要求對方的專利權人明確的指出遭侵害的專利範圍項目為何？以利有明確

的資訊來做判斷是否眞的侵權。

2.確認自己所實施的是否為專利權效力的排除條款

依專利法第57條規定：發明專利權之效力，不及於下列各款情事：

一、為研究、教學或試驗實施其發明，而無營利行為者。

二、申請前已在國內使用，或已完成必須之準備者。但在申請前六個月內，於專利申請人處得知其製造方法，並經專利申請人聲明保留其專利權者，不在此限。

三、申請前已存在國內之物品。

四、僅由國境經過之交通工具或其裝置。

五、非專利申請權人所得專利權，因專利權人舉發而撤銷時，其被授權人在舉發前以善意在國內使用或已完成必須之準備者。

六、專利權人所製造或經其同意製造之專利物品販賣後，使用或再販賣該物品者。上述製造、販賣不以國內為限。

前項第二款及第五款之使用人，限於在其原有事業內繼續利用；第六款得為販賣之區域，由法院依事實認定之。

第一項第五款之被授權人，因該專利權經舉發而撤銷之後，仍實施時，於收到專利權人書面通知之日起，應支付專利權人合理之權利金。

3.若競爭對手以「濫用專利權」的方式發律師函

對手以不公平競爭行為濫發律師函，企圖影響我方的商譽、生產及行銷削減市場競爭力時，則可向「公平交易委員會」提出申訴，主張競爭對手「濫用專利權」或採取「不公平競爭行為」而加以制裁。

4.若對方向法院提起專利侵權訴訟

競爭對手若已向法院提起訴訟時，想必已取得有利的「侵害鑑定報告」，此時你也可尋求別家具公信力及權威性的鑑定機構，取得對自己較為有利的「侵害鑑定報告」在法庭上加以抗辯，讓法官來做判定。

另一方面則可詳加研究對方的專利申請說明書，看是否能從專利法第21至24條中的不予專利項目或已有前案（同樣的創新已被申請過）或該技術是早已公開的技術已無新穎性，不具取得專利的要件，向智慧財產局提出舉發撤銷對方的專利。 ❻

2.16 關於專利法新修定

我國已於2002年1月1日起正式加入世界貿易組織（WTO），成為會員國，為因應這個世界局勢的變化，修正不合時宜的舊條文及引進許多較為創新的制度，新修定的專利法已於2003年1

月3日修正通過並於2003年2月6日公布，其較爲重要的變更部分內容及精神面，以下提供讀者參考：（註：新修定「專利法」請參閱法規篇資料；第11條自2003年2月6日公布日實施；專利法除罪化於2003年3月31日開始實施；其他條文自2004年7月1日開始實施）

專利權侵害案件的除罪化

自2003年3月31日起，所有有關發明、新型、新式樣專利的侵害案件免除刑事之責，完全回歸民事救濟程序解決，簡言之，就是不再有坐牢的刑責，而完全以判賠金額罰鍰來補償被侵害者的損失。

新型專利改爲程序審查制度

以往無論發明、新型、新式樣專利的審查都是必須經過實質的內容審查，本次修法改爲新型專利只要經過程序審查符合規定，而不須經由實質的內容審查就能取得新型專利，如此的審查較爲寬鬆，申請人也能較快的取得專利權，專利權保護年限也由原來的12年改爲10年。由於新型專利的審查相對的較爲寬鬆而快速，當他人有侵害新型專利的行爲而被侵害者要主張專利權時，必須依專利法第104條之規定：「新型專利權人行使

新型專利權時，應提示新型專利技術報告進行警告」。

異議制度的修改

為防止競爭者以「異議」的手段進行技術性的阻擾，來阻礙拖延他人取得專利權及在產業上的應用，而阻礙整體產業的公平競爭與發展，新修定專利法對於舊法中專利申請案經審查後應予專利的公告三個月期間內，他人可提出異議，經確定異議不成立後，申請人才可領取專利證書的部分給予修改，而改採經核准審定後，申請人應於審定書送達後三個月內，繳納專利證書費及第一年年費後，始予公告，也即可領取專利證書。日後若有他人對此專利有意見時，則必須直接採用「舉發」的方式來進行處理。

任何人得向專利專責機關申請「新型專利技術報告」

新修定專利法中第103條：「申請專利之新型經公告後，任何人得……，向專利專責機關申請新型專利技術報告」。意在於若他人對於某個新型專利有意見時，可向智慧財產局申請技術報告，智慧財產局會再進入實質內容審查，以確定是否應撤消專利。

縮小不予發明專利的範圍

以往舊專利法不予發明專利的項目中，如「科學原理或數學方法；其他必須藉助於人類推理力，記憶力始能執行之方法或計畫」等條文給予刪除。

 減免專利年費的對象規定

新修定專利法因考慮弱勢的發明人的財力較爲薄弱者（條文明定自然人、學校、中小企業），在專利法第83條：「發明專利權人爲自然人、學校或中小企業者，得向專利專責機關申請減免專利年費；其減免條件、年限、金額及其他應遵行事項之辦法，由主管機關定之」。規定可減免專利年費（詳閱法規篇中專利年費減免辦法）。

 發明專利申請案最遲十八個月後應公開

爲改善以往有些發明專利申請案在耗時很久（也許須幾年的時間）的審查期間因無公開資訊可供其他發明人查詢，經常發生重複發明及重複申請專利的情況，爲使發明人能儘早查詢到尙在審查中的發明專利申請案件，透過資訊的公開讓發明人避免重複研發而浪費國家整體資源，在新修定專利法第36條：

「專利專責機關接到發明專利申請文件後，經審查認為無不合規
定程式，且無應不予公開之情事者，自申請日起十八個月後，
應將該申請案公開之」。給予明定公開時程。

增訂「為販賣之要約」亦為專利權效力所及

為符合國際規範，國際上已將「為販賣之要約」列為專利
權效力範圍，新法中修正條文第56條、第106條及第123條，參
酌國際法例增列。按與貿易有關之智慧財產權協定（TRIPS
Agreement）第28條規定，專利權人得禁止第三人未經其同意製
造、使用、為販賣之要約（offering for sale）、販賣、或為上述
目的而進口其專利物品。以達與國際法規同步規範之目的。
（註：為販賣之要約：是指為販賣之目的而訂立的契約。在2002
年6月26日修正的民法中，「要約」於第154條以下有規定。而
所謂「要約」係指，以訂立契約為目的，而喚起相對人承諾所
為之意思表示。）

發明專利被侵害時起訴及聲請假扣押可准予訴訟救助

政府為協助發明人處理發明專利被侵害時的救濟行動，減
輕發明人的負擔，在新修專利法第86條：「用作侵害他人發明

專利權行為之物，或由其行為所生之物，得以被侵害人之請求施行假扣押，於判決賠償後，作為賠償金之全部或一部。當事人為前條起訴及聲請本條假扣押時，法院應依民事訴訟法之規定，准予訴訟救助」。目的在協助發明人於專利權被侵害時，提起訴訟的訴訟費用及擔保費用（擔保費用為：假扣押標的物價金的三分之一金額）繳費有困難（符合低收入戶條件者），可依民事訴訟法之規定申請訴訟救助而給予免繳。

註釋

❶經濟部智慧財產局歷年專利統計資料、年報。

❷經濟部智慧財產局。「為民服務資料」。網站http://www.tipo.gov.tw。

❸經濟部智慧財產局（2003）。《為民服務白皮書》。

❹經濟部智慧財產局，中華民國92年全國發明展參展要點。

❺經濟部智慧財產局，中華民國93年國家發明創作展參展要點。

❻劉博文（2002）。《智慧財產權之保護與管理》。揚智文化，頁85～90。

❼台灣省發明人協會。網址：http://www.typ.net/invent/taiwaninvent.htm。

❽台北市發明人協會。網址：http://www.100p.net/holyx。

❾高雄市發明人協會。推廣宣傳資料。

❿中華發明協會。網址：http://www.invention.com.tw/。

⓫中國國際發明得獎協會。推廣宣傳資料。

⓬台灣傑出發明人協會。網址：http:// www.inventor.org.tw/ eip/index. html。

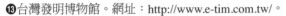

❸台灣發明博物館。網址：http://www.e-tim.com.tw/。

❹中華創意發展協會。網址：http://www.ccda.org.tw。

❺KEEP WALKING夢想資助計畫。網址http://www.keepwalking.com.tw。

結語

　　非常感謝您讀完這本書，無論您是整本從頭到尾讀完或是前面翻翻中間看看然後一不小心看到這篇結語，總之筆者都衷心的表達感謝之意。

　　這本書的完成的確花了筆者不少的時間與心思，也是筆者累積了多年的實務經驗與感觸所整理撰寫出來的，其最大的目的不外乎是期盼藉由這本工具書能讓更多的人發現自己的創造潛力，進而實際去運用，延伸出無限的知識價值。

PART 3
法規篇

3.01 專利法 （2003年2月6日修正）

第一章　總則

第1條　為鼓勵、保護、利用發明與創作，以促進產業發展，特制定本法。

第2條　本法所稱專利，分為下列三種：

一、發明專利。

二、新型專利。

三、新式樣專利。

第3條　本法主管機關為經濟部。

專利業務，由經濟部指定專責機關辦理。

第4條　外國人所屬之國家與中華民國如未共同參加保護專利之國際條約或無相互保護專利之條約、協定或由團體、機構互訂經主管機關核准保護專利之協議，或對中華民國國民申請專利，不予受理者，其專利申請，得不予受理。

第5條　專利申請權，指得依本法申請專利之權利。

專利申請權人，除本法另有規定或契約另有約定外，指發明人、創作人或其受讓人或繼承人。

第6條　專利申請權及專利權，均得讓與或繼承。

專利申請權，不得為質權之標的。

以專利權為標的設定質權者，除契約另有約定外，質權人不得實施該專利權。

第7條　受雇人於職務上所完成之發明、新型或新式樣，其專利申請

權及專利權屬於雇用人，雇用人應支付受雇人適當之報酬。但契約另有約定者，從其約定。

前項所稱職務上之發明、新型或新式樣，指受雇人於僱傭關係中之工作所完成之發明、新型或新式樣。

一方出資聘請他人從事研究開發者，其專利申請權及專利權之歸屬依雙方契約約定；契約未約定者，屬於發明人或創作人。但出資人得實施其發明、新型或新式樣。

依第一項、前項之規定，專利申請權及專利權歸屬於雇用人或出資人者，發明人或創作人享有姓名表示權。

第8條　受雇人於非職務上所完成之發明、新型或新式樣，其專利申請權及專利權屬於受雇人。但其發明、新型或新式樣係利用雇用人資源或經驗者，雇用人得於支付合理報酬後，於該事業實施其發明、新型或新式樣。

受雇人完成非職務上之發明、新型或新式樣，應即以書面通知雇用人，如有必要並應告知創作之過程。

雇用人於前項書面通知到達後六個月內，未向受雇人為反對之表示者，不得主張該發明、新型或新式樣為職務上發明、新型或新式樣。

第9條　前條雇用人與受僱人間所訂契約，使受雇人不得享受其發明、新型或新式樣之權益者，無效。

第10條　雇用人或受雇人對第七條及第八條所定權利之歸屬有爭執而達成協議者，得附具證明文件，向專利專責機關申請變更權利人名義。專利專責機關認有必要時，得通知當事人附具依其他法令取得之調解、仲裁或判決文件。

第11條 申請人申請專利及辦理有關專利事項，得委任代理人辦理之。

在中華民國境內，無住所或營業所者，申請專利及辦理專利有關事項，應委任代理人辦理之。

代理人，除法令另有規定外，以專利師為限。

專利師之資格及管理，另以法律定之；法律未制定前，代理人資格之取得、撤銷、廢止及其管理規則，由主管機關定之。

第12條 專利申請權為共有者，應由全體共有人提出申請。

二人以上共同為專利申請以外之專利相關程序時，除撤回或拋棄申請案、申請分割、改請或本法另有規定者，應共同連署外，其餘程序各人皆可單獨為之。但約定有代表者，從其約定。

前二項應共同連署之情形，應指定其中一人為應受送達人。未指定應受送達人者，專利專責機關應以第一順序申請人為應受送達人，並應將送達事項通知其他人。

第13條 專利申請權為共有時，各共有人未得其他共有人之同意，不得以其應有部分讓與他人。

第14條 繼受專利申請權者，如在申請時非以繼受人名義申請專利，或未在申請後向專利專責機關申請變更名義者，不得以之對抗第三人。

為前項之變更申請者，不論受讓或繼承，均應附具證明文件。

第15條 專利專責機關職員及專利審查人員於任職期內，除繼承外，

不得申請專利及直接、間接受有關專利之任何權益。

第16條 專利專責機關職員及專利審查人員對職務上知悉或持有關於專利之發明、新型或新式樣，或申請人事業上之秘密，有保密之義務。

第17條 凡申請人為有關專利之申請及其他程序，延誤法定或指定之期間或不依限納費者，應不受理。但延誤指定期間或不依限納費在處分前補正者，仍應受理。

申請人因天災或不可歸責於己之事由延誤法定期間者，於其原因消滅後三十日內得以書面敘明理由向專利專責機關申請回復原狀。但延誤法定期間已逾一年者，不在此限。

申請回復原狀，應同時補行期間內應為之行為。

第18條 審定書或其他文件無從送達者，應於專利公報公告之，自刊登公報之日起滿三十日，視為已送達。

第19條 有關專利之申請及其他程序，得以電子方式為之；其實施日期及辦法，由主管機關定之。

第20條 本法有關期間之計算，其始日不計算在內。

第五十一條第三項、第一百零一條第三項及第一百十三條第三項規定之專利權期限，自申請日當日起算。

第二章　發明專利

第一節　專利要件

第21條 發明，指利用自然法則之技術思想之創作。

第22條 凡可供產業上利用之發明，無下列情事之一者，得依本法申請取得發明專利：

一、申請前已見於刊物或已公開使用者。

二、申請前已為公眾所知悉者。

發明有下列情事之一，致有前項各款情事，並於其事實發生之日起六個月內申請者，不受前項各款規定之限制：

一、因研究、實驗者。

二、因陳列於政府主辦或認可之展覽會者。

三、非出於申請人本意而洩漏者。

申請人主張前項第一款、第二款之情事者，應於申請時敘明事實及其年、月、日，並應於專利專責機關指定期間內檢附證明文件。

發明雖無第一項所列情事，但為其所屬技術領域中具有通常知識者依申請前之先前技術所能輕易完成時，仍不得依本法申請取得發明專利。

第23條 申請專利之發明，與申請在先而在其申請後始公開或公告之發明或新型專利申請案所附說明書或圖式載明之內容相同者，不得取得發明專利。但其申請人與申請在先之發明或新型專利申請案之申請人相同者，不在此限。

第24條 下列各款，不予發明專利：

一、動、植物及生產動、植物之主要生物學方法。但微生物學之生產方法，不在此限。

二、人體或動物疾病之診斷、治療或外科手術方法。

三、妨害公共秩序、善良風俗或衛生者。

第二節　申請

第25條　申請發明專利，由專利申請權人備具申請書、說明書及必要
　　　　圖式，向專利專責機關申請之。

　　　　申請權人為雇用人、受讓人或繼承人時，應敘明發明人姓
　　　　名，並附具僱傭、受讓或繼承證明文件。

　　　　申請發明專利，以申請書、說明書及必要圖式齊備之日為申
　　　　請日。

　　　　前項說明書及必要圖式以外文本提出，且於專利專責機關指
　　　　定期間內補正中文本者，以外文本提出之日為申請日；未於
　　　　指定期間內補正者，申請案不予受理。但在處分前補正者，
　　　　以補正之日為申請日。

第26條　前條之說明書，應載明發明名稱、發明說明、摘要及申請專
　　　　利範圍。

　　　　發明說明應明確且充分揭露，使該發明所屬技術領域中具有
　　　　通常知識者，能瞭解其內容，並可據以實施。

　　　　申請專利範圍應明確記載申請專利之發明，各請求項應以簡
　　　　潔之方式記載，且必須為發明說明及圖式所支持。

　　　　發明說明、申請專利範圍及圖式之揭露方式，於本法施行細
　　　　則定之。

第27條　申請人就相同發明在世界貿易組織會員或與中華民國相互承
　　　　認優先權之外國第一次依法申請專利，並於第一次申請專利
　　　　之日起十二個月內，向中華民國申請專利者，得主張優先
　　　　權。

　　　　依前項規定，申請人於一申請案中主張二項以上優先權時，

其優先權期間之起算日為最早之優先權日之次日。

外國申請人為非世界貿易組織會員之國民且其所屬國家與我國無相互承認優先權者，若於世界貿易組織會員或互惠國領域內，設有住所或營業所者，亦得依第一項規定主張優先權。

主張優先權者，其專利要件之審查，以優先權日為準。

第28條　依前條規定主張優先權者，應於申請專利同時提出聲明，並於申請書中載明在外國之申請日及受理該申請之國家。

申請人應於申請日起四個月內，檢送經前項國家政府證明受理之申請文件。違反前二項之規定者，喪失優先權。

第29條　申請人基於其在中華民國先申請之發明或新型專利案再提出專利之申請者，得就先申請案申請時說明書或圖式所載之發明或創作，主張優先權。但有下列情事之一者，不得主張之：

一、自先申請案申請日起已逾十二個月者。

二、先申請案中所記載之發明或創作已經依第二十七條或本條規定主張優先權者。

三、先申請案係第三十三條第一項規定之分割案或依第一百零二條之改請案。

四、先申請案已經審定或處分者。

前項先申請案自其申請日起滿十五個月，視為撤回。

先申請案申請日起十五個月後，不得撤回優先權主張。

依第一項主張優先權之後申請案，於先申請案申請日起十五個月內撤回者，視為同時撤回優先權之主張。

申請人於一申請案中主張二項以上優先權時，其優先權期間之起算日為最早之優先權日之次日。

主張優先權者，其專利要件之審查，以優先權日為準。

依第一項主張優先權者，應於申請專利同時提出聲明，並於申請書中載明先申請案之申請日及申請案號數，申請人未於申請時提出聲明，或未載明先申請案之申請日及申請案號數者，喪失優先權。

依本條主張之優先權日，不得早於中華民國九十年十月二十六日。

第30條　申請生物材料或利用生物材料之發明專利，申請人最遲應於申請日將該生物材料寄存於專利專責機關指定之國內寄存機構，並於申請書上載明寄存機構、寄存日期及寄存號碼。但該生物材料為所屬技術領域中具有通常知識者易於獲得時，不須寄存。

申請人應於申請日起三個月內檢送寄存證明文件，屆期未檢送者，視為未寄存。

申請前如已於專利專責機關認可之國外寄存機構寄存，而於申請時聲明其事實，並於前項規定之期限內，檢送寄存於專利專責機關指定之國內寄存機構之證明文件及國外寄存機構出具之證明文件者，不受第一項最遲應於申請日在國內寄存之限制。

第一項生物材料寄存之受理要件、種類、型式、數量、收費費率及其他寄存執行之辦法，由主管機關定之。

第31條　同一發明有二以上之專利申請案時，僅得就其最先申請者准

予發明專利。

但後申請者所主張之優先權日早於先申請者之申請日者，不在此限。

前項申請日、優先權日為同日者，應通知申請人協議定之，協議不成時，均不予發明專利；其申請人為同一人時，應通知申請人限期擇一申請，屆期未擇一申請者，均不予發明專利。

各申請人為協議時，專利專責機關應指定相當期間通知申請人申報協議結果，屆期未申報者，視為協議不成。

同一發明或創作分別申請發明專利及新型專利者，準用前三項規定。

第32條　申請發明專利，應就每一發明提出申請。

二個以上發明，屬於一個廣義發明概念者，得於一申請案中提出申請。

第33條　申請專利之發明，實質上為二個以上之發明時，經專利專責機關通知，或據申請人申請，得為分割之申請。

前項分割申請應於原申請案再審查審定前為之；准予分割者，仍以原申請案之申請日為申請日。如有優先權者，仍得主張優先權，並應就原申請案已完成之程序續行審查。

第34條　發明為非專利申請權人請准專利，經專利申請權人於該專利案公告之日起二年內申請舉發，並於舉發撤銷確定之日起六十日內申請者，以非專利申請權人之申請日為專利申請權人之申請日。

發明專利申請權人依前項規定申請之案件，不再公告。

第三節　審查及再審查

第35條　專利專責機關對於發明專利申請案之實體審查，應指定專利審查人員審查之。

專利審查人員之資格，以法律定之。

第36條　專利專責機關接到發明專利申請文件後，經審查認為無不合規定程式，且無應不予公開之情事者，自申請日起十八個月後，應將該申請案公開之。

專利專責機關得因申請人之申請，提早公開其申請案。

發明專利申請案有下列情事之一者，不予公開：

一、自申請日起十五個月內撤回者。

二、涉及國防機密或其他國家安全之機密者。

三、妨害公共秩序或善良風俗者。

第一項、前項期間，如有主張優先權者，其起算日為優先權日之次日；主張二項以上優先權時，其起算日為最早之優先權日之次日。

第37條　自發明專利申請日起三年內，任何人均得向專利專責機關申請實體審查。依第三十三條第一項規定申請分割，或依第一百零二條規定改請為發明專利，逾前項期間者，得於申請分割或改請之日起三十日內，向專利專責機關申請實體審查。

依前二項規定所為審查之申請，不得撤回。

未於第一項或第二項規定之期間內申請實體審查者，該發明專利申請案，視為撤回。

第38條　申請前條之審查者，應檢附申請書。

專利專責機關應將申請審查之事實，刊載於專利公報。

申請審查由發明專利申請人以外之人提起者，專利專責機關應將該項事實通知發明專利申請人。

有關生物材料或利用生物材料之發明專利申請人，申請審查時，應檢送寄存機構出具之存活證明；如發明專利申請人以外之人申請審查時，專利專責機關應通知發明專利申請人於三個月內檢送存活證明。

第39條　發明專利申請案公開後，如有非專利申請人為商業上之實施者，專利專責機關得依申請優先審查之。

為前項申請者，應檢附有關證明文件。

第40條　發明專利申請人對於申請案公開後，曾經以書面通知發明專利申請內容，而於通知後公告前就該發明仍繼續為商業上實施之人，得於發明專利申請案公告後，請求適當之補償金。

對於明知發明專利申請案已經公開，於公告前就該發明仍繼續為商業上實施之人，亦得為前項之請求。

前二項規定之請求權，不影響其他權利之行使。

第一項、第二項之補償金請求權，自公告之日起，二年間不行使而消滅。

第41條　前五條規定，於中華民國九十一年十月二十六日起提出之發明專利申請案，始適用之。

第42條　專利審查人員有下列情事之一者，應自行迴避：

一、本人或其配偶，為該專利案申請人、代理人、代理人之合夥人或與代理人有僱傭關係者。

二、現為該專利案申請人或代理人之四親等內血親，或三親等內姻親。

三、本人或其配偶，就該專利案與申請人有共同權利人、共同義務人或償還義務人之關係者。

四、現為或曾為該專利案申請人之法定代理人或家長家屬者。

五、現為或曾為該專利案申請人之訴訟代理人或輔佐人者。

六、現為或曾為該專利案之證人、鑑定人、異議人或舉發人者。

專利審查人員有應迴避而不迴避之情事者，專利專責機關得依職權或依申請撤銷其所為之處分後，另為適當之處分。

第43條　申請案經審查後，應作成審定書送達申請人或其代理人。

經審查不予專利者，審定書應備具理由。

審定書應由專利審查人員具名。再審查、舉發審查及專利權延長審查之審定書，亦同。

第44條　發明專利申請案違反第二十一條至第二十四條、第二十六條、第三十條第一項、第二項、第三十一條、第三十二條或第四十九條第四項規定者，應為不予專利之審定。

第45條　申請專利之發明經審查認無不予專利之情事者，應予專利，並應將申請專利範圍及圖式公告之。

經公告之專利案，任何人均得申請閱覽、抄錄、攝影或影印其審定書、說明書、圖式及全部檔案資料。但專利專責機關依法應予保密者，不在此限。

第46條　發明專利申請人對於不予專利之審定有不服者，得於審定書送達之日起六十日內備具理由書，申請再審查。但因申請程序不合法或申請人不適格而不受理或駁回者，得逕依法提起

行政救濟。

經再審查認爲有不予專利之情事時，在審定前應先通知申請人，限期申復。

第47條　再審查時，專利專責機關應指定未曾審查原案之專利審查人員審查，並作成審定書。

前項再審查之審定書，應送達申請人。

第48條　專利專責機關於審查發明專利時，得依申請或依職權通知申請人限期爲下列各款之行爲：

一、至專利專責機關面詢。

二、爲必要之實驗、補送模型或樣品。

前項第二款之實驗、補送模型或樣品，專利專責機關必要時，得至現場或指定地點實施勘驗。

第49條　專利專責機關於審查發明專利時，得依職權通知申請人限期補充、修正說明書或圖式。

申請人得於發明專利申請日起十五個月內，申請補充、修正說明書或圖式；其於十五個月後申請補充、修正說明書或圖式者，仍依原申請案公開。

申請人於發明專利申請日起十五個月後，僅得於下列各款之期日或期間內補充、修正說明書或圖式：

一、申請實體審查之同時。

二、申請人以外之人申請實體審查者，於申請案進行實體審查通知送達後三個月內。

三、專利專責機關於審定前通知申復之期間內。

四、申請再審查之同時，或得補提再審查理由書之期間內。

依前三項所爲之補充、修正，不得超出申請時原說明書或圖式所揭露之範圍。

第二項、第三項期間，如主張優先權者，其起算日爲優先權日之次日。

第50條 發明經審查有影響國家安全之虞，應將其說明書移請國防部或國家安全相關機關諮詢意見，認有秘密之必要者，其發明不予公告，申請書件予以封存，不供閱覽，並作成審定書送達申請人、代理人及發明人。

申請人、代理人及發明人對於前項之發明應予保密，違反者，該專利申請權視爲拋棄。

保密期間，自審定書送達申請人之日起爲期一年，並得續行延展保密期間每次一年，期間屆滿前一個月，專利專責機關應諮詢國防部或國家安全相關機關，無保密之必要者，應即公告。

就保密期間申請人所受之損失，政府應給與相當之補償。

第四節　專利權

第51條 申請專利之發明，經核准審定後，申請人應於審定書送達後三個月內，繳納證書費及第一年年費後，始予公告；屆期未繳費者，不予公告，其專利權自始不存在。

申請專利之發明，自公告之日起給予發明專利權，並發證書。

發明專利權期限，自申請日起算二十年屆滿。

第52條 醫藥品、農藥品或其製造方法發明專利權之實施，依其他法

律規定，應取得許可證，而於專利案公告後需時二年以上者，專利權人得申請延長專利二年至五年，並以一次為限。但核准延長之期間，不得超過向中央目的事業主管機關取得許可證所需期間，取得許可證期間超過五年者，其延長期間仍以五年為限。

前項申請應備具申請書，附具證明文件，於取得第一次許可證之日起三個月內，向專利專責機關提出。但在專利權期間屆滿前六個月內，不得為之。

主管機關就前項申請案，有關延長期間之核定，應考慮對國民健康之影響，並會同中央目的事業主管機關訂定核定辦法。

第53條 專利專責機關對於發明專利權延長申請案，應指定專利審查人員審查，作成審定書送達專利權人或其代理人。

第54條 任何人對於經核准延長發明專利權期間，認有下列情事之一者，得附具證據，向專利專責機關舉發之：

一、發明專利之實施無取得許可證之必要者。

二、專利權人或被授權人並未取得許可證。

三、核准延長之期間超過無法實施之期間。

四、延長專利權期間之申請人並非專利權人。

五、專利權為共有，而非由共有人全體申請者。

六、以取得許可證所承認之外國試驗期間申請延長專利權時，核准期間超過該外國專利主管機關認許者。

七、取得許可證所需期間未滿二年者。

專利權延長經舉發成立確定者，原核准延長之期間，視為自

始不存在。但因違反前項第三款、第六款規定，經舉發成立確定者，就其超過之期間，視爲未延長。

第55條 專利專責機關認有前條第一項各款情事之一者，得依職權撤銷延長之發明專利權期間。

專利權延長經撤銷確定者，原核准延長之期間，視爲自始不存在。但因違反前條第一項第三款、第六款規定，經撤銷確定者，就其超過之期間，視爲未延長。

第56條 物品專利權人，除本法另有規定者外，專有排除他人未經其同意而製造、爲販賣之要約、販賣、使用或爲上述目的而進口該物品之權。

方法專利權人，除本法另有規定者外，專有排除他人未經其同意而使用該方法及使用、爲販賣之要約、販賣或爲上述目的而進口該方法直接製成物品之權。

發明專利權範圍，以說明書所載之申請專利範圍爲準，於解釋申請專利範圍時，並得審酌發明說明及圖式。

第57條 發明專利權之效力，不及於下列各款情事：

一、爲研究、教學或試驗實施其發明，而無營利行爲者。

二、申請前已在國內使用，或已完成必須之準備者。但在申請前六個月內，於專利申請人處得知其製造方法，並經專利申請人聲明保留其專利權者，不在此限。

三、申請前已存在國內之物品。

四、僅由國境經過之交通工具或其裝置。

五、非專利申請權人所得專利權，因專利權人舉發而撤銷時，其被授權人在舉發前以善意在國內使用或已完成必

須之準備者。

六、專利權人所製造或經其同意製造之專利物品販賣後，使
用或再販賣該物品者。上述製造、販賣不以國內為限。

前項第二款及第五款之使用人，限於在其原有事業內繼續利
用；第六款得為販賣之區域，由法院依事實認定之。

第一項第五款之被授權人，因該專利權經舉發而撤銷之後，
仍實施時，於收到專利權人書面通知之日起，應支付專利權
人合理之權利金。

第58條　混合二種以上醫藥品而製造之醫藥品或方法，其專利權效力
不及於醫師之處方或依處方調劑之醫藥品。

第59條　發明專利權人以其發明專利權讓與、信託、授權他人實施或
設定質權，非經向專利專責機關登記，不得對抗第三人。

第60條　發明專利權之讓與或授權，契約約定有下列情事之一致生不
公平競爭者，其約定無效：

一、禁止或限制受讓人使用某項物品或非出讓人、授權人所
供給之方法者。

二、要求受讓人向出讓人購取未受專利保障之出品或原料
者。

第61條　發明專利權為共有時，除共有人自己實施外，非得共有人全
體之同意，不得讓與或授權他人實施。但契約另有約定者，
從其約定。

第62條　發明專利權共有人未得共有人全體同意，不得以其應有部分
讓與、信託他人或設定質權。

第63條　發明專利權人因中華民國與外國發生戰事受損失者，得申請

延展專利權五年至十年，以一次為限。但屬於交戰國人之專利權，不得申請延展。

第64條 發明專利權人申請更正專利說明書或圖式，僅得就下列事項為之：

一、申請專利範圍之減縮。

二、誤記事項之訂正。

三、不明瞭記載之釋明。

前項更正，不得超出申請時原說明書或圖式所揭露之範圍，且不得實質大或變更申請專利範圍。

專利專責機關於核准更正後，應將其事由刊載專利公報。

說明書、圖式經更正公告者，溯自申請日生效。

第65條 發明專利權人未得被授權人或質權人之同意，不得為拋棄專利權或為前條之申請。

第66條 有下列情事之一者，發明專利權當然消滅：

一、專利權期滿時，自期滿之次日消滅。

二、專利權人死亡，無人主張其為繼承人者，專利權於依民法第一千一百八十五條規定歸屬國庫之日起消滅。

三、第二年以後之專利年費未於補繳期限屆滿前繳納者，自原繳費期限屆滿之次日消滅。但依第十七條第二項規定回復原狀者，不在此限。

四、專利權人拋棄時，自其書面表示之日消滅。

第67條 有下列情事之一者，專利專責機關應依舉發或依職權撤銷其發明專利權，並限期追繳證書，無法追回者，應公告註銷：

一、違反第十二條第一項、第二十一條至第二十四條、第二

十六條、第三十一條或第四十九條第四項規定者。

二、專利權人所屬國家對中華民國國民申請專利不予受理者。

三、發明專利權人為非發明專利申請權人者。

以違反第十二條第一項規定或有前項第三款情事，提起舉發者，限於利害關係人；其他情事，任何人得附具證據，向專利專責機關提起舉發。

舉發人補提理由及證據，應自舉發之日起一個月內為之。但在舉發審定前提出者，仍應審酌之。

舉發案經審查不成立者，任何人不得以同一事實及同一證據，再為舉發。

第68條 利害關係人對於專利權之撤銷有可回復之法律上利益者，得於專利權期滿或當然消滅後提起舉發。

第69條 專利專責機關接到舉發書後，應將舉發書副本送達專利權人。

專利權人應於副本送達後一個月內答辯，除先行申明理由，准予展期者外，屆期不答辯者，逕予審查。

第70條 專利專責機關於舉發審查時，應指定未曾審查原案之專利審查人員審查，並作成審定書，送達專利權人及舉發人。

第71條 專利專責機關於舉發審查時，得依申請或依職權通知專利權人限期為下列各款之行為：

一、至專利專責機關面詢。

二、為必要之實驗、補送模型或樣品。

三、依第六十四條第一項及第二項規定更正。

前項第二款之實驗、補送模型或樣品，專利專責機關必要時，得至現場或指定地點實施勘驗。

依第一項第三款規定更正專利說明書或圖式者，專利專責機關應通知舉發人。

第72條　第五十四條延長發明專利權舉發之處理，準用第六十七條第三項、第四項及前四條規定。

第六十七條依職權撤銷專利權之處理，準用前三條規定。

第73條　發明專利權經撤銷後，有下列情形之一者，即為撤銷確定：

一、未依法提起行政救濟者。

二、經提起行政救濟經駁回確定者。

發明專利權經撤銷確定者，專利權之效力，視為自始即不存在。

第74條　發明專利權之核准、變更、延長、延展、讓與、信託、授權實施、特許實施、撤銷、消滅、設定質權及其他應公告事項，專利專責機關應刊載專利公報。

第75條　專利專責機關應備置專利權簿，記載核准專利、專利權異動及法令所定之一切事項。

前項專利權簿，得以電子方式為之，並供人民閱覽、抄錄、攝影或影印。

第五節　實施

第76條　為因應國家緊急情況或增進公益之非營利使用或申請人曾以合理之商業條件在相當期間內仍不能協議授權時，專利專責機關得依申請，特許該申請人實施專利權；其實施應以供應

國內市場需要為主。但就半導體技術專利申請特許實施者，以增進公益之非營利使用為限。

專利權人有限制競爭或不公平競爭之情事，經法院判決或行政院公平交易委員會處分確定者，雖無前項之情形，專利專責機關亦得依申請，特許該申請人實施專利權。

專利專責機關接到特許實施申請書後，應將申請書副本送達專利權人，限期三個月內答辯；屆期不答辯者，得逕行處理。

特許實施權，不妨礙他人就同一發明專利權再取得實施權。

特許實施權人應給與專利權人適當之補償金，有爭執時，由專利專責機關核定之。

特許實施權，應與特許實施有關之營業一併轉讓、信託、繼承、授權或設定質權。

特許實施之原因消滅時，專利專責機關得依申請廢止其特許實施。

第77條　依前條規定取得特許實施權人，違反特許實施之目的時，專利專責機關得依專利權人之申請或依職權廢止其特許實施。

第78條　再發明，指利用他人發明或新型之主要技術內容所完成之發明。

再發明專利權人未經原專利權人同意，不得實施其發明。

製造方法專利權人依其製造方法製成之物品為他人專利者，未經該他人同意，不得實施其發明。

前二項再發明專利權人與原發明專利權人，或製造方法專利權人與物品專利權人，得協議交互授權實施。

前項協議不成時，再發明專利權人與原發明專利權人或製造方法專利權人與物品專利權人得依第七十六條規定申請特許實施。但再發明或製造方法發明所表現之技術，須較原發明或物品發明具相當經濟意義之重要技術改良者，再發明或製造方法專利權人始得申請特許實施。

再發明專利權人或製造方法專利權人取得之特許實施權，應與其專利權一併轉讓、信託、繼承、授權或設定質權。

第79條　發明專利權人應在專利物品或其包裝上標示專利證書號數，並得要求被授權人或特許實施權人為之；其未附加標示者，不得請求損害賠償。但侵權人明知或有事實足證其可得而知為專利物品者，不在此限。

第六節　納費

第80條　關於發明專利之各項申請，申請人於申請時，應繳納申請費。

核准專利者，發明專利權人應繳納證書費及專利年費；請准延長、延展專利者，在延長、延展期內，仍應繳納專利年費。

申請費、證書費及專利年費之金額，由主管機關定之。

第81條　發明專利年費自公告之日起算，第一年年費，應依第五十一條第一項規定繳納；第二年以後年費，應於屆期前繳納之。

前項專利年費，得一次繳納數年，遇有年費調整時，毋庸補繳其差額。

第82條　發明專利第二年以後之年費，未於應繳納專利年費之期間內

繳費者，得於期滿六個月內補繳之。但其年費應按規定之年費加倍繳納。

第83條　發明專利權人為自然人、學校或中小企業者，得向專利專責機關申請減免專利年費；其減免條件、年限、金額及其他應遵行事項之辦法，由主管機關定之。

第七節　損害賠償及訴訟

第84條　發明專利權受侵害時，專利權人得請求賠償損害，並得請求排除其侵害，有侵害之虞者，得請求防止之。

專屬被授權人亦得為前項請求。但契約另有約定者，從其約定。

發明專利權人或專屬被授權人依前二項規定為請求時，對於侵害專利權之物品或從事侵害行為之原料或器具，得請求銷燬或為其他必要之處置。

發明人之姓名表示權受侵害時，得請求表示發明人之姓名或為其他回復名譽之必要處分。

本條所定之請求權，自請求權人知有行為及賠償義務人時起，二年間不行使而消滅；自行為時起，逾十年者，亦同。

第85條　依前條請求損害賠償時，得就下列各款擇一計算其損害：

一、依民法第二百十六條之規定。但不能提供證據方法以證明其損害時，發明專利權得就其實施專利權通常所可獲得之利益，減除受害後實施同一專利權所得之利益，以其差額為所受損害。

二、依侵害人因侵害行為所得之利益。於侵害人不能就其成

本或必要費用舉證時，以銷售該項物品全部收入為所得利益。

除前項規定外，發明專利權人之業務上信譽，因侵害而致減損時，得另請求賠償相當金額。

依前二項規定，侵害行為如屬故意，法院得依侵害情節，酌定損害額以上之賠償。但不得超過損害額之三倍。

第86條　用作侵害他人發明專利權行為之物，或由其行為所生之物，得以被侵害人之請求施行假扣押，於判決賠償後，作為賠償金之全部或一部。

當事人為前條起訴及聲請本條假扣押時，法院應依民事訴訟法之規定，准予訴訟救助。

第87條　製造方法專利所製成之物品在該製造方法申請專利前為國內外未見者，他人製造相同之物品，推定為以該專利方法所製造。

前項推定得提出反證推翻之。被告證明其製造該相同物品之方法與專利方法不同者，為已提出反證。被告舉證所揭示製造及營業秘密之合法權益，應予充分保障。

第88條　發明專利訴訟案件，法院應以判決書正本一份送專利專責機關。

第89條　被侵害人得於勝訴判決確定後，聲請法院裁定將判決書全部或一部登報，其費用由敗訴人負擔。

第90條　關於發明專利權之民事訴訟，在申請案、舉發案、撤銷案確定前，得停止審判。

法院依前項規定裁定停止審判時，應注意舉發案提出之正當

性。

舉發案涉及侵權訴訟案件之審理者,專利專責機關得優先審查。

第91條 未經認許之外國法人或團體就本法規定事項得提起民事訴訟。但以條約或其本國法令、慣例,中華民國國民或團體得在該國享受同等權利者為限;其由團體或機構互訂保護專利之協議,經主管機關核准者,亦同。

第92條 法院為處理發明專利訴訟案件,得設立專業法庭或指定專人辦理。

司法院得指定侵害專利鑑定專業機構。

法院受理發明專利訴訟案件,得囑託前項機構為鑑定。

第三章　新型專利

第93條 新型,指利用自然法則之技術思想,對物品之形狀、構造或裝置之創作。

第94條 凡可供產業上利用之新型,無下列情事之一者,得依本法申請取得新型專利:

一、申請前已見於刊物或已公開使用者。

二、申請前已為公眾所知悉者。

新型有下列情事之一,致有前項各款情事,並於其事實發生之日起六個月內申請者,不受前項各款規定之限制:

一、因研究、實驗者。

二、因陳列於政府主辦或認可之展覽會者。

三、非出於申請人本意而洩漏者。

申請人主張前項第一款、第二款之情事者，應於申請時敘明事實及其年、月、日，並應於專利專責機關指定期間內檢附證明文件。

新型雖無第一項所列情事，但為其所屬技術領域中具有通常知識者依申請前之先前技術顯能輕易完成時，仍不得依本法申請取得新型專利。

第95條 申請專利之新型，與申請在先而在其申請後始公開或公告之發明或新型專利申請案所附說明書或圖式載明之內容相同者，不得取得新型專利。但其申請人與申請在先之發明或新型專利申請案之申請人相同者，不在此限。

第96條 新型有妨害公共秩序、善良風俗或衛生者，不予新型專利。

第97條 申請專利之新型，經形式審查認有下列各款情事之一者，應為不予專利之處分：

一、新型非屬物品形狀、構造或裝置者。

二、違反前條規定者。

三、違反第一百零八條準用第二十六條第一項、第四項規定之揭露形式者。

四、違反第一百零八條準用第三十二條規定者。

五、說明書及圖式未揭露必要事項或其揭露明顯不清楚者。

為前項處分前，應先通知申請人限期陳述意見或補充、修正說明書或圖式。

第98條 申請專利之新型經形式審查後，認有前條規定情事者，應備具理由作成處分書，送達申請人或其代理人。

第99條 申請專利之新型，經形式審查認無第九十七條所定不予專利

之情事者，應予專利，並應將申請專利範圍及圖式公告之。

第100條　申請人申請補充、修正說明書或圖式者，應於申請日起二個月內為之。

依前項所為之補充、修正，不得超出申請時原說明書或圖式所揭露之範圍。

第101條　申請專利之新型，申請人應於准予專利之處分書送達後三個月內，繳納證書費及第一年年費後，始予公告；屆期未繳費者，不予公告，其專利權自始不存在。

申請專利之新型，自公告之日起給予新型專利權，並發證書。

新型專利權期限，自申請日起算十年屆滿。

第102條　申請發明或新式樣專利後改請新型專利者，或申請新型專利後改請發明專利者，以原申請案之申請日為改請案之申請日。但於原申請案准予專利之審定書、處分書送達後，或於原申請案不予專利之審定書、處分書送達之日起六十日後，不得改請。

第103條　申請專利之新型經公告後，任何人得就第九十四條第一項第一款、第二款、第四項、第九十五條或第一百零八條準用第三十一條規定之情事，向專利專責機關申請新型專利技術報告。

專利專責機關應將前項申請新型專利技術報告之事實，刊載於專利公報。

專利專責機關對於第一項之申請，應指定專利審查人員作成新型專利技術報告，並由專利審查人員具名。

依第一項規定申請新型專利技術報告，如敘明有非專利權人為商業上之實施，並檢附有關證明文件者，專利專責機關應於六個月內完成新型專利技術報告。

新型專利技術報告之申請於新型專利權當然消滅後，仍得為之。

依第一項規定所為之申請，不得撤回。

第104條　新型專利權人行使新型專利權時，應提示新型專利技術報告進行警告。

第105條　新型專利權人之專利權遭撤銷時，就其於撤銷前，對他人因行使新型專利權所致損害，應負賠償之責。

前項情形，如係基於新型專利技術報告之內容或已盡相當注意而行使權利者，推定為無過失。

第106條　新型專利權人，除本法另有規定者外，專有排除他人未經其同意而製造、為販賣之要約、販賣、使用或為上述目的而進口該新型專利物品之權。

新型專利權範圍，以說明書所載之申請專利範圍為準，於解釋申請專利範圍時，並得審酌創作說明及圖式。

第107條　有下列情事之一者，專利專責機關應依舉發撤銷其新型專利權，並限期追繳證書，無法追回者，應公告註銷：

一、違反第十二條第一項、第九十三條至第九十六條、第一百條第二項、第一百零八條準用第二十六條或第一百零八條準用第三十一條規定者。

二、專利權人所屬國家對中華民國國民申請專利不予受理者。

三、新型專利權人為非新型專利申請權人者。

以違反第十二條第一項規定或有前項第三款情事，提起舉發者，限於利害關係人；其他情事，任何人得附具證據，向專利專責機關提起舉發。

舉發審定書，應由專利審查人員具名。

第108條　第二十五條至第二十九條、第三十一條至第三十四條、第三十五條第二項、第四十二條、第四十五條第二項、第五十條、第五十七條、第五十九條至第六十二條、第六十四條至第六十六條、第六十七條第三項、第四項、第六十八條至第七十一條、第七十三條至第七十五條、第七十八條第一項、第二項、第四項、第七十九條至第八十六條、第八十八條至第九十二條，於新型專利準用之。

第四章　新式樣專利

第109條　新式樣，指對物品之形狀、花紋、色彩或其結合，透過視覺訴求之創作。

聯合新式樣，指同一人因襲其原新式樣之創作且構成近似者。

第110條　凡可供產業上利用之新式樣，無下列情事之一者，得依本法申請取得新式樣專利：

一、申請前有相同或近似之新式樣，已見於刊物或已公開使用者。

二、申請前已為公眾所知悉者。

新式樣有下列情事之一，致有前項各款情事，並於其事實發生之日起六個月內申請者，不受前項各款規定之限制：

一、因陳列於政府主辦或認可之展覽會者。

二、非出於申請人本意而洩漏者。

申請人主張前項第一款之情事者，應於申請時敘明事實及其年、月、日，並應於專利專責機關指定期間內檢附證明文件。

新式樣雖無第一項所列情事，但為其所屬技藝領域中具有通常知識者依申請前之先前技藝易於思及者，仍不得依本法申請取得新式樣專利。

同一人以近似之新式樣申請專利時，應申請為聯合新式樣專利，不受第一項及前項規定之限制。但於原新式樣申請前有與聯合新式樣相同或近似之新式樣已見於刊物、已公開使用或已為公眾所知悉者，仍不得依本法申請取得聯合新式樣專利。

同一人不得就與聯合新式樣近似之新式樣申請為聯合新式樣專利。

第111條　申請專利之新式樣，與申請在先而在其申請後始公告之新式樣專利申請案所附圖說之內容相同或近似者，不得取得新式樣專利。但其申請人與申請在先之新式樣專利申請案之申請人相同者，不在此限。

第112條　下列各款，不予新式樣專利：

一、純功能性設計之物品造形。

二、純藝術創作或美術工藝品。

三、積體電路電路布局及電子電路布局。

四、物品妨害公共秩序、善良風俗或衛生者。

五、物品相同或近似於黨旗、國旗、國父遺像、國徽、軍旗、印信、勳章者。

第113條　申請專利之新式樣，經核准審定後，申請人應於審定書送達後三個月內，繳納證書費及第一年年費後，始予公告；屆期未繳費者，不予公告，其專利權自始不存在。

申請專利之新式樣，自公告之日起給予新式樣專利權，並發證書。

新式樣專利權期限，自申請日起算十二年屆滿；聯合新式樣專利權期限與原專利權期限同時屆滿。

第114條　申請發明或新型專利後改請新式樣專利者，以原申請案之申請日為改請案之申請日。但於原申請案准予專利之審定書、處分書送達後，或於原申請案不予專利之審定書、處分書送達之日起六十日後，不得改請。

第115條　申請獨立新式樣專利後改請聯合新式樣專利者，或申請聯合新式樣專利後改請獨立新式樣專利者，以原申請案之申請日為改請案之申請日。但於原申請案准予專利之審定書送達後，或於原申請案不予專利之審定書送達之日起六十日後，不得改請。

第116條　申請新式樣專利，由專利申請權人備具申請書及圖說，向專利專責機關申請之。

申請權人為僱用人、受讓人或繼承人時，應敘明創作人姓名，並附具僱傭、受讓或繼承證明文件。

申請新式樣專利，以申請書、圖說齊備之日為申請日。

前項圖說以外文本提出，且於專利專責機關指定期間內補正中文本者，以外文本提出之日為申請日；未於指定期間內補正者，申請案不予受理。但在處分前補正者，以補正之日為申請日。

第117條　前條之圖說應載明新式樣物品名稱、創作說明、圖面說明及圖面。

圖說應明確且充分揭露，使該新式樣所屬技藝領域中具有通常知識者，能瞭解其內容，並可據以實施。

新式樣圖說之揭露方式，於本法施行細則定之。

第118條　相同或近似之新式樣有二以上之專利申請案時，僅得就其最先申請者，准予新式樣專利。但後申請者所主張之優先權日早於先申請者之申請日者，不在此限。

前項申請日、優先權日為同日者，應通知申請人協議定之，協議不成時，均不予新式樣專利；其申請人為同一人時，應通知申請人限期擇一申請，屆期未擇一申請者，均不予新式樣專利。

各申請人為協議時，專利專責機關應指定相當期間通知申請人申報協議結果，屆期未申報者，視為協議不成。

第119條　申請新式樣專利，應就每一新式樣提出申請。

以新式樣申請專利，應指定所施予新式樣之物品。

第120條　新式樣專利申請案違反第一百零九條至第一百十二條、第一百十七條、第一百十八條、第一百十九條第一項或第一百二十二條第三項規定者，應為不予專利之審定。

第121條 申請專利之新式樣經審查認無不予專利之情事者，應予專利，並應將圖面公告之。

第122條 專利專責機關於審查新式樣專利時，得依申請或依職權通知申請人限期為下列各款之行為：

一、至專利專責機關面詢。

二、補送模型或樣品。

三、補充、修正圖說。

前項第二款之補送模型或樣品，專利專責機關必要時，得至現場或指定地點實施勘驗。

依第一項第三款所為之補充、修正，不得超出申請時原圖說所揭露之範圍。

第123條 新式樣專利權人就其指定新式樣所施予之物品，除本法另有規定者外，專有排除他人未經其同意而製造、為販賣之要約、販賣、使用或為上述目的而進口該新式樣及近似新式樣專利物品之權。

新式樣專利權範圍，以圖面為準，並得審酌創作說明。

第124條 聯合新式樣專利權從屬於原新式樣專利權，不得單獨主張，且不及於近似之範圍。

原新式樣專利權撤銷或消滅者，聯合新式樣專利權應一併撤銷或消滅。

第125條 新式樣專利權之效力，不及於下列各款情事：

一、為研究、教學或試驗實施其新式樣，而無營利行為者。

二、申請前已在國內使用，或已完成必須之準備者。但在

　　　　申請前六個月內，於專利申請人處得知其新式樣，並
　　　　經專利申請人聲明保留其專利權者，不在此限。

三、申請前已存在國內之物品。

四、僅由國境經過之交通工具或其裝置。

五、非專利申請權人所得專利權，因專利權人舉發而撤銷
　　時，其被授權人在舉發前善意在國內使用或已完成必
　　須之準備者。

六、專利權人所製造或經其同意製造之專利物品販賣後，
　　使用或再販賣該物品者。上述製造、販賣不以國內為
　　限。

前項第二款及第五款之使用人，限於在其原有事業內繼續
利用；第六款得為販賣之區域，由法院依事實認定之。

第一項第五款之被授權人，因該專利權經舉發而撤銷之後
仍實施時，於收到專利權人書面通知之日起，應支付專利
權人合理之權利金。

第126條　新式樣專利權人得就所指定施予之物品，以其新式樣專利
　　　　權讓與、信託、授權他人實施或設定質權，非經向專利專
　　　　責機關登記，不得對抗第三人。

　　　　但聯合新式樣專利權不得單獨讓與、信託、授權或設定質
　　　　權。

第127條　新式樣專利權人對於專利之圖說，僅得就誤記或不明瞭之
　　　　事項，向專利專責機關申請更正。

　　　　專利專責機關於核准更正後，應將其事由刊載專利公報。

　　　　圖說經更正公告者，溯自申請日生效。

第128條　有下列情事之一者，專利專責機關應依舉發或依職權撤銷
　　　　其新式樣專利權，並限期追繳證書，無法追回者，應公告
　　　　註銷：

一、違反第十二條第一項、第一百零九條至第一百十二
　　條、第一百十七條、第一百十八條或第一百二十二條
　　第三項規定者。

二、專利權人所屬國家對中華民國國民申請專利不予受理
　　者。

三、新式樣專利權人為非新式樣專利申請權人者。

　　　　以違反第十二條第一項規定或有前項第三款情事，提起舉
　　　　發者，限於利害關係人；其他情事，任何人得附具證據，
　　　　向專利專責機關提起舉發。

第129條　第二十七條、第二十八條、第三十三條至第三十五條、第
　　　　四十二條、第四十三條、第四十五條第二項、第四十六
　　　　條、第四十七條、第六十條至第六十二條、第六十五條、
　　　　第六十六條、第六十七條第三項、第四項、第六十八條至
　　　　第七十一條、第七十三條至第七十五條、第七十九條至第
　　　　八十六條、第八十八條至第九十二條規定，於新式樣專利
　　　　準用之。第二十七條第一項所定期間，於新式樣專利案為
　　　　六個月。

第五章　附則

第130條　專利檔案中之申請書件、說明書、圖式及圖說，應由專利

專責機關永久保存；其他文件之檔案，至少應保存三十年。

前項專利檔案，得以微縮底片、磁碟、磁帶、光碟等方式儲存；儲存紀錄經專利專責機關確認者，視同原檔案，原紙本專利檔案得予銷燬；儲存紀錄之複製品經專利專責機關確認者，推定其為真正。

前項儲存替代物之確認、管理及使用規則，由主管機關定之。

第131條 主管機關為獎勵發明、創作，得訂定獎助辦法。

第132條 中華民國八十三年一月二十三日前所提出之申請案，均不得依第五十二條規定，申請延長專利權期間。

第133條 本法中華民國九十年十月二十四日修正施行前所提出之追加專利申請案，尚未審查確定者，或其追加專利權仍存續者，依修正前有關追加專利之規定辦理。

第134條 本法中華民國八十三年一月二十一日修正施行前，已審定公告之專利案，其專利權期限，適用修正施行前之規定。但發明專利案，於世界貿易組織協定在中華民國管轄區域內生效之日，專利權仍存續者，其專利權期限，適用修正施行後之規定。

本法中華民國九十二年一月三日修正施行前，已審定公告之新型專利申請案，其專利權期限，適用修正施行前之規定。

新式樣專利案，於世界貿易組織協定在中華民國管轄區域內生效之日，專利權仍存續者，其專利權期限，適用本法

中華民國八十六年五月七日修正施行後之規定。

第135條　本法中華民國九十二年一月三日修正施行前，尚未審定之專利申請案，適用修正施行後之規定。

第136條　本法中華民國九十二年一月三日修正施行前，已提出之異議案，適用修正施行前之規定。

本法中華民國九十二年一月三日修正施行前，已審定公告之專利申請案，於修正施行後，仍得依修正施行前之規定，提起異議。

第137條　本法施行細則，由主管機關定之。

第138條　本法除第十一條自公布日施行外，其餘條文之施行日期，由行政院定之。

資料來源：法務部全國法規資料庫（http://law.moj.gov.tw）。

（本資料供參考之用，若與各法規主管機關之公布文字有所不同，仍以各法規主管機關之公布資料為準。）

3.02 專利規費收費準則（2004年6月30日修正）

第1條　本準則依專利法（以下簡稱本法）第八十條第三項、第一百零八條準用第八十條第三項、第一百二十九條第一項準用第八十條第三項規定訂定之。

第2條　發明專利各項申請費如下：

一、申請發明專利，每件新台幣三千五百元。

二、申請提早公開發明專利申請案，每件新台幣一千元。

三、申請實體審查，專利說明書及圖式合計在五十頁以下者，每件新台幣八千元；超過五十頁者，每五十頁加收新台幣五百元；其不足五十頁者，以五十頁計。

四、申請改請為發明專利，每件新台幣三千五百元。

五、申請再審查，專利說明書及圖式合計在五十頁以下者，每件新台幣八千元；超過五十頁者，每五十頁加收新台幣五百元；其不足五十頁者，以五十頁計。

六、申請舉發，每件新台幣一萬元。

七、申請分割，每件新台幣三千五百元。

八、申請延長專利權，每件新台幣九千元。

九、申請更正說明書或圖式，每件新台幣二千元。

十、申請特許實施專利權，每件新台幣十萬元。

十一、申請廢止特許實施專利權，每件新台幣十萬元。

十二、申請舉發案補充、修正理由、證據，每件新台幣二千元。

十三、申請變更說明書或圖式以外之事項，每件新台幣三百

元：其同時申請變更二項以上者，亦同。但同時為第九款之申請或為前款之申請者，僅依各該款之規定收費。

發明專利申請案所檢附之說明書首頁及摘要同時附有英文翻譯者，前項第一款申請費減收新台幣八百元。但依本法第二十五條第四項規定先提出之外文本為英文本者，不適用之。

第3條　新型專利各項申請費如下：

一、申請新型專利，每件新台幣三千元。

二、申請改請為新型專利，每件新台幣三千元。

三、申請舉發，每件新台幣九千元。

四、申請分割，每件新台幣三千元。

五、申請新型專利技術報告，每件新台幣五千元。

六、申請更正說明書或圖式，每件新台幣二千元。

七、申請舉發案補充、修正理由、證據，每件新台幣二千元。

八、申請變更說明書或圖式以外之事項，每件新台幣三百元；同時申請變更二項以上者，亦同。但同時為第六款之申請或為前款之申請者，僅依各該款之規定收費。

第4條　新式樣專利各項申請費如下：

一、申請新式樣專利，每件新台幣三千元。

二、申請聯合新式樣專利，每件新台幣三千元。

三、申請改請為新式樣專利，每件新台幣三千元。

四、申請再審查，每件新台幣三千五百元。

五、申請舉發，每件新台幣八千元。

六、申請分割，每件新台幣三千元。

七、申請更正圖說，每件新台幣二千元。

八、申請舉發案補充、修正理由、證據，每件新台幣二千元。

九、申請變更圖說以外之事項，每件新台幣三百元；其同時申請變更二項以上者，亦同。但同時為第七款之申請或為前款之申請者，僅依各該款之規定收費。

第5條　其他各項申請費如下：

一、申請專利申請權讓與或繼承登記，每件新台幣二千元。

二、申請專利權讓與或繼承登記，每件新台幣二千元。

三、申請專利權授權實施登記，每件新台幣二千元。

四、申請專利權質權設定登記，每件新台幣二千元。

五、申請專利權質權消滅登記，每件新台幣二千元。

六、申請專利權質權其他變更登記事項，每件新台幣三百元。

七、申請專利權信託登記，每件新台幣二千元。

八、申請專利權信託塗銷登記，每件新台幣二千元。

九、申請專利權信託歸屬登記，每件新台幣二千元。

十、申請專利權信託其他變更登記事項，每件新台幣三百元。

十一、申請發給證明書件，每件新台幣一千元。

十二、申請面詢，每件每次新台幣一千元。

十三、申請實施勘驗，每件每次新台幣五千元。

第6條　證書費每件新台幣一千元。

前項證書之補發或換發，每件新台幣六百元。

第7條　經核准之專利，每件每年專利年費如下：

一、第一年至第三年，每年新台幣二千五百元。

二、第四年至第六年，每年新台幣五千元。

三、第七年至第九年，每年新台幣九千元。

四、第十年以上，每年新台幣一萬八千元。

核准延長之發明專利權，於延長期間仍應依前項規定繳納年費；核准延展之專利權，每件每年應繳年費新台幣五千元。

專利權有拋棄或被撤銷之情事者，已預繳之專利年費，得申請退還。

第一項年費之金額，於繳納時如有調整，應依調整後所定之數額繳納。

依本法規定計算專利權期間不滿一年者，其應繳年費，仍以一年計算。

第8條　本法修正施行前，已提出之新型專利申請案，於本法修正施行後，尚未審定者，原繳納之申請費，依下列方式辦理：

一、經處分應予專利者，其與第三條第一款申請費之差額，抵繳證書費及第一年專利年費。

二、經處分不予專利者，其與第三條第一款申請費之差額，應予退還。

第9條　本法修正施行前，已提出之新型專利申請案，於本法修正施行後，尚未審定者，其於形式審查處分前，依本法第一百零二條或第一百十四條規定，申請改請為發明專利或新式樣專利者，原繳納之申請費，與第三條第一款申請費之差額，抵

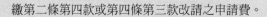

　　　　繳第二條第四款或第四條第三款改請之申請費。

第10條　依本法第一百三十六條第二項規定提起異議者，其申請費如下：

　　　一、發明案，每件新台幣六千元。

　　　二、新型案，每件新台幣四千五百元。

　　　三、新式樣案，每件新台幣三千五百元。

　　　四、申請補充、修正理由、證據，每件新台幣二千元。

　　　五、申請補充、修正說明書或圖式或圖說，每件新台幣二千元。

第11條　依本法第十九條規定，以電子方式提出之各項專利申請，其申請費金額，由主管機關另定之。

第12條　本準則自本法施行日施行。

資料來源：法務部全國法規資料庫（http://law.moj.gov.tw）。

（本資料供參考之用，若與各法規主管機關之公布文字有所不同，仍以各法規主管機關之公布資料為準。）

3.03 專利年費減免辦法（2004年1月14日修正）

第1條 本辦法依專利法（以下簡稱本法）第八十三條、第一百零八條準用第八十三條及第一百二十九條第一項準用第八十三條規定訂定之。

第2條 專利權人為自然人、學校或中小企業者，向專利專責機關申請減免專利年費時，應以書面為之。

第3條 前條所稱學校，指公立或立案之私立學校或經教育部承認之國外學校。

前條所稱中小企業，指符合中小企業認定標準所定之事業；其為外國企業者，應符合中小企業認定標準第二條第一項第一款或第二款規定之標準。

專利專責機關認有必要時，得通知專利權人檢附相關證明文件。

第4條 依本辦法減免之專利年費每件每年金額如下：

一、第一年至第三年：每年減免新台幣八百元。

二、第四年至第六年：每年減免新台幣一千二百元。

第5條 專利權人申請減免專利年費，得一次申請減免三年或六年，或於第一年至第六年逐年為之。

符合本辦法規定得申請減免專利年費者，依本法第八十二條規定加倍補繳專利年費時，應繳納之金額為依減免後之年費金額加倍繳納。

第6條 專利權人於預繳專利年費後，符合本辦法規定得申請減免專利年費者，得自次年起，就尚未到期之專利年費申請減免。

專利權人已預繳專利年費，經專利專責機關准予減免專利年費後，不符合本辦法規定得申請減免專利年費者，應自次年起補繳其差額。

第7條 本辦法施行前已預繳專利年費，於本辦法施行後，符合本辦法規定得申請減免專利年費者，得就尚未到期之專利年費申請減免。

第8條 本辦法自本法施行之日施行。

資料來源：法務部全國法規資料庫（http://law.moj.gov.tw）。

（本資料供參考之用，若與各法規主管機關之公布文字有所不同，仍以各法規主管機關之公布資料為準。）

3.04 科學技術基本法 （民國2003年5月28日修正）

第1條 爲確立政府推動科學技術發展之基本方針與原則，以提升科
學技術水準，持續經濟發展，加強生態保護，增進生活福
祉，增強國家競爭力，促進人類社會之永續發展，特制定本
法。

第2條 本法適用於含人文社會科學之科學技術。

政府於推動科學技術時，應注意人文社會科學與其他科學技
術之均衡發展。

第3條 政府應於國家財政能力之範圍內，持續充實科學技術發展計
畫所需經費。

政府應致力推動全國研究發展經費之穩定成長，使其占國內
生產毛額至適當之比例。

第4條 政府應採取必要措施，以持續充實基礎研究。

第5條 政府應協助研究機構與公民營企業之研究發展單位，充實人
才、設備及技術，以促進科學技術之研究發展。

爲推廣政府出資之應用性科學技術研究發展成果，政府應監
督或協助前項研究機構及單位將研究發展成果轉化爲實際之
生產或利用。

第6條 政府補助、委辦或出資之科學技術研究發展，應依評選或審
查之方式決定對象，評選或審查應附理由。其所獲得之智慧
財產權與成果，得將全部或一部歸屬於研究機構或企業所有
或授權使用，不受國有財產法之限制。

前項智慧財產權與成果之歸屬與運用，應依公平與效益原

則，參酌資本與勞務之比例與貢獻，科學技術研究發展成果之性質、運用潛力、社會公益、國家安全及對市場之影響，就其要件、期限、範圍、比例、登記、管理、收益分配、資助機關介入授權第三人實施或收歸國有及相關程序等事項，由行政院統籌規劃，並由各主管機關訂定相關法規命令施行之。

法人或團體接受第一項政府補助辦理採購，其補助金額占採購金額半數以上，並達公告金額以上者，不適用政府採購法之規定，但應受補助機關之監督。其監督管理辦法，由相關中央主管機關定之。

第7條　為推動科學技術發展，政府應考量總體科學技術政策與個別科學技術計畫對環境生態之影響。

政府推動科學技術發展計畫，必要時應提供適當經費，研究該科學技術之政策或計畫對社會倫理之影響與法律因應等相關問題。

第8條　科學技術研究機構與人員，於推動或進行科學技術研究時，應善盡對環境生態、生命尊嚴及人性倫理之維護義務。

第9條　政府應每二年提出科學技術發展之遠景、策略及現況說明。

第10條　政府應考量國家發展方向、社會需求情形及區域均衡發展，每四年訂定國家科學技術發展計畫，作為擬訂科學技術政策與推動科學技術研究發展之依據。

國家科學技術發展計畫之訂定，應參酌中央研究院、科學技術研究部門、產業部門及相關社會團體之意見，並經全國科學技術會議討論後，由行政院核定。

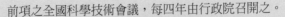

前項之全國科學技術會議，每四年由行政院召開之。

第11條　國家科學技術發展計畫，應包含下列事項：

一、國家科學技術發展之現況與檢討。

二、國家科學技術發展之總目標、策略及資源規劃。

三、政府各部門及各科學技術領域之發展目標、策略及資源規劃。

四、其他科學技術發展之重要事項。

第12條　為增進科學技術研究發展能力、鼓勵傑出科學技術研究發展人才、充實科學技術研究設施及資助研究發展成果之運用，並利掌握時效及發揮最大效用，行政院應設置國家科學技術發展基金，編製附屬單位預算。

國家科學技術發展基金之運用，應配合國家科學技術之發展與研究人員之需求，經公開程序審查，並應建立績效評估制度。

國家科學技術發展基金之收支、保管及運用辦法，由行政院定之。

第13條　中央政府補助、委辦或出資之科學技術研究發展，其智慧財產權與成果所得歸屬政府部分，應循附屬單位預算程序撥入國家科學技術發展基金保管運用。

第14條　為促進科學技術之研究、發展及應用，政府應就下列事項，採取必要措施，以改善科學技術人員之工作條件，並健全科學技術研究之環境：

一、培訓科學技術人員。

二、促進科學技術人員之進用及交流。

三、充實科學技術研究機構。

四、鼓勵科學技術人員創業。

五、獎勵、支助及推廣科學技術之研究。

第15條　政府對於其所進用且從事稀少性、危險性、重點研究項目或於特殊環境工作之科學技術人員，應優予待遇、提供保險或採取其他必要措施。

對於從事科學技術研究著有功績之科學技術人員，應給予必要獎勵，以表彰其貢獻。

第16條　為確保科學技術研究之真實性並充分發揮其創造性，除法令另有限制外，政府應保障科學技術人員之研究自由。

第17條　為健全科學技術人員之進用管道，得訂定公開、公平之資格審查方式，由政府機關或政府研究機構，依其需要進用，並應制定法律適度放寬公務人員任用之限制。

為充分運用科學技術人力，對於公務員、大專校院教師與研究機構及企業之科學技術人員，得採取必要措施，以加強人才交流。

為延攬境外優秀科學技術人才，應採取必要措施，於相當期間內保障其生活與工作條件；其子女就學之要件、權益保障及其他相關事項之辦法，由教育部定之。

第18條　為促進民間科學技術研究發展，政府得提供租稅、金融等財政優惠措施。

第19條　政府對符合國家科學技術發展計畫目標之民間研究發展計畫，得給予必要之支助。

第20條　為推動科學技術研究發展，政府應擬訂科學技術資訊流通政

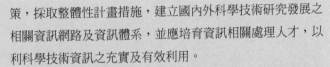

策，採取整體性計畫措施，建立國內外科學技術研究發展之相關資訊網路及資訊體系，並應培育資訊相關處理人才，以利科學技術資訊之充實及有效利用。

第21條　為提升科學技術水準，政府應致力推動國際科學技術合作，促進人才、技術、設施及資訊之國際交流與利用，並參與國際共同開發與研究。

第22條　為加強國民對科學技術知識之關心與認識，政府應持續推展學校與社會之科學技術教育，以提升國民科學技術之素養。

第23條　本法自公布日施行。

資料來源：法務部全國法規資料庫（http://law.moj.gov.tw）。

（本資料供參考之用，若與各法規主管機關之公布文字有所不同，仍以各法規主管機關之公布資料為準。）

3.05 政府科學技術研究發展成果歸屬及運用辦法 （2003年3月12日修正）

第1條　為管理及運用政府補助、委辦或出資之科學技術研究發展所獲得之智慧財產權或成果，特依科學技術基本法（以下簡稱本法）第六條規定，訂定本辦法。

第2條　本辦法用詞定義如下：

一、科學技術研究發展成果（以下簡稱研發成果）：指政府機關（構）編列科技計畫預算，補助、委辦或出資進行科學技術研究發展計畫所獲得之智慧財產權或成果。

二、資助機關：指以補助、委辦或出資方式，與研究機構或企業訂定科學技術研究發展計畫契約之政府機關（構）。

三、研究機構：指下列執行科學技術研究發展計畫之單位：

（一）經教育部核准設立之公、私立學校。

（二）從事科學技術研究發展之政府機關（構）。

（三）依我國法律登記成立，從事科學技術研究發展之非營利社團法人或財團法人。

四、企業：指執行科學技術研究發展計畫並依我國法律設立之公司。

五、研發成果收入：指資助機關、研究機構或企業因管理及運用研發成果所獲得之授權金、權利金、價金、股權或其他權益。

第3條　資助機關補助、委辦或出資之科學技術研究發展所獲得之研

發成果，除經資助機關認定歸屬國家所有者外，歸屬研究機構或企業所有。其研發成果之收入，應依第九條至第十一條規定辦理。

前項有關研發成果之歸屬、管理及運用，應於訂約時，以書面為之。

第4條　資助機關就歸屬於研究機構或企業之研發成果，在中華民國境內及境外享有無償及非專屬之實施權利。但其補助、委辦或出資金額占計畫總經費百分之五十以下者，由雙方約定之。

前項權利不得讓與第三人。

第5條　資助機關、研究機構或企業依第三條第一項規定取得研發成果者，應負管理及運用之責。研究機構自行進行科學技術研究發展計畫取得研發成果者，亦同。

前項研發成果管理及運用之權限，包括申請及確保國內外權利、授權、讓與、收益、委任、信託、訴訟或其他一切與管理或運用研發成果有關之行為。

第6條　歸屬於研究機構或企業之研發成果，經資助機關同意者，得讓與第三人。

歸屬於資助機關之研發成果，得讓與第三人。

第6-1條　歸屬於資助機關、研究機構或企業之研發成果，不具有運用價值，且無人受讓者，得終止繳納智慧財產權年費等相關維護費用。

第7條　依第五條第一項規定負研發成果管理及運用之責者，於辦理研發成果讓與或授權時，應符合下列各款規定，再為讓與或

授權者，亦同。但以其他方式爲之，更能符合本法之宗旨或目的者，不在此限：

一、以公平、公開及有償方式爲之。

二、以我國研究機構或企業爲對象。

三、在我國管轄區域內製造或使用。

前項規定，於資助機關、研究機構或企業自行實施研發成果者，準用之。

第8條　依第三條規定歸屬於研究機構或企業之研發成果，資助機關得逕行或依申請，要求研究機構或企業或研發成果受讓人將研發成果授權第三人實施，或於必要時將研發成果收歸國有。其行使之要件及程序，應於訂約時，於書面契約中約定之。

依前項規定取得授權者，應支付合理對價予權利人。

第9條　研究機構或企業因管理或運用研發成果所獲得之收入，應依下列方式爲之。但經資助機關與研究機構或企業約定以其他比率或以免繳方式爲之，更能符合本法之宗旨或目的者，不在此限：

一、研究機構爲第二條第三款第一目及第二目所稱公、私立學校或從事科學技術研究發展之政府機關（構）者，應將研發成果收入之百分之二十繳交資助機關。

二、其他研究機構或企業，應將研發成果收入之百分之五十繳交資助機關。

資助機關補助、委辦或出資金額占計畫總經費百分之五十以下者，前項應繳交資助機關之比率，得由資助機關與研究機

構或企業以契約約定或免繳之。

依前二項規定應繳交資助機關之收入，得以所獲得之授權金、權利金、價金、股權或其他權益為之。

第10條 研發成果由研究機構或企業負管理及運用之責者，其管理或運用所獲得之收入，應將一定比率分配創作人；由資助機關負管理及運用之責者，應將一定比率分配創作人、研究機構或企業。

第11條 研究機構或企業就其研發成果之收入，於扣除應繳交資助機關之數額及分配創作人之數額後，得自行保管運用。但法律另有規定者，不在此限。

第12條 資助機關、研究機構或企業進行國際合作所產生之研發成果，其歸屬、管理及運用，得依契約約定，不受本辦法之限制。

第13條 各機關（構）為施行本法第六條及本辦法所定事項，得另訂定相關規定辦理之。

第14條 政府機關（構）以非科技計畫預算補助、委辦或出資進行科學技術研究發展計畫所產生之研發成果，其歸屬、管理及運用，得準用本辦法之規定。

第15條 本辦法自中華民國八十八年一月二十二日施行。

本辦法修正條文自發布日施行。

資料來源：法務部全國法規資料庫（http://law.moj.gov.tw）。

（本資料供參考之用，若與各法規主管機關之公布文字有所不同，仍以各法規主管機關之公布資料為準。）

3.06 發明創作獎助辦法（2003年12月17日修正）

第1條 本辦法依專利法第一百三十八條規定訂定之。

第2條 為鼓勵從事研究發明或創作者，專利專責機關得設國家發明
創作獎予以獎助。

依前項規定獎助之對象，限於中華民國之自然人、法人、學
校、機關（構）或團體。

第3條 國家發明創作獎每年得辦理評選一次。

第4條 本辦法發明創作獎助事項，專利專責機關得以委任、委託或
委辦法人、團體辦理。

第5條 國家發明創作獎之獎助如下：

一、發明獎

（一）金牌：每年最多五件，每件頒發獎助金新台幣四十
五萬元、獎狀及獎座。

（二）銀牌：每年最多十件，每件頒發獎助金新台幣三十
萬元、獎狀及獎座。

二、創作獎

（一）金牌：每年最多十件，每件頒發獎助金新台幣二十
五萬元、獎狀及獎座。

（二）銀牌：每年最多三十件，每件頒發獎助金新台幣二
十萬元、獎狀及獎座。

三、貢獻獎

（一）金牌：每年一名，每名頒發獎狀及獎座。

（二）銀牌：每年二名，每名頒發獎狀及獎座。

(三)銅牌：每年三名，每名頒發獎狀及獎座。

第6條　參選發明獎或創作獎之獎助，以專利證書中所載之發明人或創作人為受領人。數人共同發明或創作，應共同受領各該項獎助。但當事人另有約定者，從其約定。

參選貢獻獎之發明或創作，可另參選發明獎或創作獎。

第7條　參選發明獎者，以其發明在報名截止日前四年內，取得我國之發明專利權為限。

參選創作獎者，以其創作在報名截止日前四年內，取得我國之新型專利權或新式樣專利權為限。

曾參選發明獎或創作獎之發明或創作，不得再行參選。

參選貢獻獎之發明或創作，如因而獲貢獻獎者，該發明或創作不得再行參選貢獻獎。

第8條　參選發明獎或創作獎者，應由發明人或創作人填具報名表，並檢附參選發明、新型或新式樣之專利說明書、圖式或圖說、專利證書及參選人之身分證明文件。

參選者檢送之文件及資料不合規定者，限期補正；屆期未補正者，不予受理。

第9條　參選貢獻獎者，應填具報名表，敘明在報名截止日前四年內取得我國或世界貿易組織會員專利權數量、專利權之產品價值及實施狀況、鼓勵員工從事發明創作之措施及其他具體事蹟，並檢具相關可資證明文件。

第10條　專利專責機關辦理國家發明創作獎之作業應公正、公開，不受任何組織或第三人之干涉。

第11條　為辦理本辦法評選有關事項，專利專責機關得設國家發明創作獎評選委員會（以下簡稱評選委員會）。

評選委員會置評選委員二十五人至三十七人；其主任評選委員，由專利專責機關指派一人兼任之；其餘評選委員，由專利專責機關遴聘有關機關代表、專家、學者擔任。

評選委員爲無給職；評選期間得依規定支給審查費、出席費、交通費。

評選委員會得依報名參選之標的類別，分設評選小組辦理。

評選作業及有關事項，由評選委員會決議後辦理。

第12條　評選委員會會議由主任評選委員召集並爲會議主席；主任評選委員因故不能出席時，由主任評選委員指定或評選委員互選一人爲主席。

第13條　評選委員會會議須有二分之一以上之評選委員出席，始得開會，並經出席評選委員二分之一以上同意，始得決議。

第14條　評選委員會不對外行文；其決議事項經專利專責機關核定後，以專利專責機關名義爲之。

第15條　國家發明創作獎之評選程序，依下列規定辦理：

一、初選：評選委員會就參選之書面資料審查後，提名各獎項二倍獎額，入圍決選名單。

二、決選：評選委員會得按實際需要就初選入圍名單，實地勘評或由參選者進行簡報說明後，決選得獎者。

第16條　國家發明創作獎之獎助，如參選之發明或創作，均未達該項獎助之評選基準時，得從缺之。前項評選基準，由評選委員會決議爲之。

第17條　發明或創作在我國取得專利權後之四年內，參加著名國際發明展獲得金牌、銀牌或銅牌獎之獎項者，得檢附相關證明文件，向專利專責機關申請該參展品之運費、來回機票費用及

其他相關經費之補助。

前項經費補助如下：

一、亞洲地區：以新台幣二萬元爲限。

二、美洲地區：以新台幣三萬元爲限。

三、歐洲地區：以新台幣四萬元爲限。

同一人同時以二以上發明或創作參加同一著名國際發明展者，其補助依前項規定辦理；如該發明或創作曾獲補助，不得再於同一著名國際發明展申請補助。

第一項之著名國際發明展，由專利專責機關公告。

符合申請第一項之補助者，發明人或創作人應於參展當年度提出申請補助。

第18條　專利專責機關得辦理國家發明創作展。

第19條　參選國家發明創作獎或參加著名國際發明展之發明、創作，其專利權經撤銷，或所檢附之相關證明文件，有抄襲或虛偽不實之情事者，專利專責機關應撤銷其得獎資格或補助，並追繳已領得之獎助或補助。

第20條　本辦法所定之獎助及補助，專利專責機關因預算編列，得予以適當之調整。

第21條　國家發明創作獎之參選須知、報名書表格式、應附文件及其他應遵行之事項，由專利專責機關定之。

第22條　本辦法自發布日施行。

資料來源：法務部全國法規資料庫（http://law.moj.gov.tw）。

（本資料供參考之用，若與各法規主管機關之公布文字有所不同，仍以各法規主管機關之公布資料爲準。）

PART 4
附錄

4.01 1951～2003年中華民國歷年專利核准率統計表

西元 (年)	申請 (件)	核准 (件)	核准率 %	西元 (年)	申請 (件)	核准 (件)	核准率 %
1951	58	18	31.0	1978	8,761	1,794	20.5
1952	163	45	27.6	1979	10,411	3,689	35.4
1953	316	78	24.7	1980	13,016	6,633	51.0
1954	352	135	38.4	1981	15,027	6,264	41.7
1955	443	148	33.4	1982	16,328	7,460	45.7
1956	541	189	34.9	1983	19,428	7,096	36.5
1957	656	179	27.3	1984	22,013	8,592	39.0
1958	693	183	26.4	1985	23,870	9,427	39.5
1959	661	194	29.3	1986	26,198	10,526	40.2
1960	646	217	33.6	1987	28,900	10,615	36.7
1961	729	230	31.6	1988	29,511	12,355	41.9
1962	750	247	32.9	1989	32,103	19,265	60.0
1963	778	225	28.9	1990	34,343	22,601	65.8
1964	889	285	32.1	1991	36,127	27,281	75.5
1965	953	337	35.4	1992	38,554	21,264	55.2
1966	1,412	483	34.2	1993	41,185	22,317	54.2
1967	1,705	540	31.7	1994	42,412	19,032	44.9
1968	2,283	816	35.7	1995	43,461	29,707	68.4
1969	2,879	1,126	39.1	1996	47,055	29,469	62.6
1970	4,218	1,951	36.3	1997	53,164	29,356	55.2
1971	4,640	2,524	54.4	1998	54,003	25,051	46.4
1972	4,457	1,861	41.8	1999	51,921	29,144	56.1
1973	5,926	2,591	43.7	2000	61,231	38,665	63.1
1974	8,398	3,187	38.0	2001	67,860	53,789	79.3
1975	8,812	2,159	24.5	2002	61,402	45,042	73.4
1976	8,071	1,449	18.0	2003	65,742	53,033	80.7
1977	7,632	1,205	15.8				

資料來源：中華民國歷年專利公報。

4.02 1994～2003年申請專利件數統計表

1994～2003年（近十年）申請專利件數統計表

年分	發明	新型	新式樣	合計
1994	12,440	19,154	10,818	42,412
1995	13,936	18,436	11,089	43,461
1996	15,959	19,975	11,121	47,055
1997	20,046	21,800	11,318	53,164
1998	21,978	22,235	9,790	54,003
1999	22,161	21,481	8,279	51,921
2000	28,451	23,728	9,052	61,231
2001	33,392	25,370	9,098	67,860
2002	31,616	21,750	8,036	61,402
2003	35,823	21,935	7,984	65,742

資料來源：經濟部智慧財產局（2004.5）。中華民國九十二年智慧財產局
年報。

1994～2003年（近十年）本國人與外國人申請專利件數統計表

年分	本國人	外國人	年分	本國人	外國人
1994	29,307	13,105	1999	32,643	19,278
1995	28,900	14,561	2000	36,369	24,862
1996	31,185	15,870	2001	40,210	27,650
1997	33,657	19,507	2002	35,926	25,476
1998	34,243	19,760	2003	39,663	26,079

資料來源：經濟部智慧財產局（2004.5）。中華民國九十二年智慧財產局
年報。

4.03 2001～2002年中華民國專利案國籍統計表

2001～2002專利新申請案統計

類別 國別	發 明		新 型		新式樣		合 計	
	2002	2001	2002	2001	2002	2001	2002	2001
中華民國	9,638	9,170	20,692	24,220	5,596	6,820	35,926	40,210
日 本	10,148	11,087	320	498	1,236	1,069	11,704	12,654
美 國	6,787	7,244	312	236	500	429	7,599	7,909
德 國	1,355	1,675	23	21	74	20	1,452	1,716
韓 國	833	945	35	27	27	54	895	1,026
荷 蘭	674	613	25	13	65	63	764	689
瑞 士	462	512	11	11	65	116	538	639
英 國	348	335	46	21	70	51	464	407
法 國	301	360	7	6	36	66	344	432
瑞 典	154	243	5	11	37	39	196	293
義大利	132	195	7	12	35	42	174	249
大 陸	80	43	40	26	23	6	143	75
總件數	31,616	33,392	21,750	25,370	8,036	9,098	61,402	67,860

2001～2002專利公告核准案統計

類別 國別	發 明		新 型		新式樣		合 計	
	2002	2001	2002	2001	2002	2001	2002	2001
中華民國	5,683	5,901	15,265	17,218	3,898	5,313	24,846	28,432
日 本	8,237	7,087	421	472	970	1,021	9,628	8,580
美 國	5,086	4,866	216	309	370	443	5,672	5,618
德 國	1,099	1,179	23	29	36	60	1,158	1,268
韓 國	703	731	23	22	29	45	755	798
荷 蘭	452	393	9	20	51	82	512	495
瑞 士	364	335	7	11	126	112	497	458
法 國	259	320	5	6	67	74	331	400
瑞 典	243	264	8	9	33	30	284	303
英 國	222	252	22	18	42	40	286	310
義大利	138	109	11	13	36	42	185	164
澳 洲	84	64	9	8	2	3	95	75
總件數	23,036	21,966	16,115	18,218	5,891	7,537	45,042	47,721

資料來源：經濟部智慧財產局（2003.5）。中華民國九十一年智慧財產局年報。

4.04 2003年台灣與大陸申請專利相關統計

大陸地區

專利新申請案：共計308,487件（相較於2002年成長22%）

	國內申請人（件）	國外申請人（件）	總計（件）
發明	48,549	56,769	105,318
實用新型	107,842	1,273	109,115
外觀設計	86,627	7,427	94,054
總計	251,238	57,249	308,487

專利授權案：共計182,226件（相較於2002年成長37%）

	國內申請人（件）	國外申請人（件）	總計（件）
發明	11,404	25,750	37,154
實用新型	68,291	615	68,906
外觀設計	69,893	6,273	76,166
總計	149,588	32,638	182,226

資料來源：中華人民共和國國家知識產權局（http://www.sipo.gov.cn）。

台灣地區

案別	數量（件）	較2002年成長率（%）
專利新申請案	65,742	6.69
發明專利公開案	8,194	----
專利公告案件	53,033	17.74
專利再審查申請案	13,325	13.62
專利異議申請案	1,867	7.76
專利舉發申請案	512	-13.37

資料來源：經濟部智慧財產局（http://www.tipo.gov.tw）。

4.05 創業相關諮詢輔導資訊

中小企業創業創新養成學苑簡介

目的：

經濟部中小企業處爲有效因應民眾對於創業教育資源的強烈需求，發展台灣成爲亞太創業中心之目標，希望藉由創業培訓課程的推動，以「創業知識化、知識商業化」之精神，協助知識型創業者快速並穩健的創業，提昇其經營管理能力，增進其創業成功率，並帶領知識型企業進行數位學習，以強化整體市場競爭力，並進一步協助進駐「創業家圓夢坊」，早日實現創業夢想。

課程研習效益與特色：

1.依照學員創業領域分班授課，強化各產業之深度學習。

2.配合「華人創業家適性評量表」與「新創事業可行性評估量表」，協助學員自我創業檢視。

3.課程教學結合理論與實務交叉印證，有效提升學員學習效果。

4.創業張老師陪同隨堂指導，協助學員解決創業相關問題。

5.籌組「創業可行性評估小組」，分析、評估學員之創業準備。

6.成立「創業者同學會與班版」機制，凝聚學員間創業資源
交流網路。

7.建置「創業網路學苑」平台，提供學員個人創業網頁。

8.推薦優秀結訓學員進駐當地之「創業家圓夢中心」。

主辦單位：經濟部中小企業處
執行單位：中國青年創業協會總會
青創會地址：台北市中正區和平西路一段150號12樓
電話：02- 2332-8558
傳真：02- 2337-5152
網址：http://www.moeasmea.gov.tw

資料來源：經濟部中小企業處（http://www.moeasmea.gov.tw）。

4.06 中小企業創新育成中心簡介

定義

　　是一個孕育新事業、新產品、新技術及協助企業轉型升級的
場所，藉由提供空間、設備以及技術、資金、商務與管理之諮詢
與支援，降低創業及研發初期的成本與風險，提高事業成功的機
會。

目的

　　催生更多健全而具競爭力的中小企業，並且協助經營有成的中小企業升級轉型，與大企業共同發展經濟。

 功能

1. 減輕創業與創新過程的投資費用與風險，增進初創業者成功率。
2. 協助產業孕育計畫、開發新技術與新產品。
3. 引導研發成果商品化。
4. 提供產學研合作場所。
5. 提供測試服務、加速產品開發。
6. 輔導企業有關人才培訓、資金籌措、資訊提供及營運管理之諮詢服務。

 服務項目

▶▶ 空間與設備

1. 提供進駐空間與辦公設備。
2. 提供共用實驗設備與公共設施。

▶▶ 技術及人才支援

1.支援投入高級專業人力。

2.提供技術移轉服務。

3.促進科技研發單位合作及結盟。

4.支援技術人力。

▶▶ 商務支援

1.提供營運諮詢服務。

2.規劃專業訓練。

3.協助宣傳展覽及推廣。

4.提供資金協助。

▶▶ 資訊支援

1.引介各項專業顧問。

2.蒐集政府相關輔導體系與政策之資訊及辦法。

3.協助蒐集產業、市場資訊或技術資訊。

4.提供專業團體如各同業公會、專業學、協會及地方性工業 策進會等組織之合作網脈。

5.促成企業經營的策略聯盟：促成育成企業間市場、行銷、 通路、融資、集資等合作機會。

6.建立與地區性各產業環境之互動關係。

7.掌握園區或工業區等相關資訊與申請模式，協助提供企業 畢業後之發展空間之資訊。

▶▶ 行政支援

1.提供共通性秘書行政。

2.協助新創公司之設立登記、商業登記或工廠登記。

3.指導撰寫營運計畫書。

4.協助申請各項輔導資源。

5.協助建構各項對內或對外合約。

6.管理與維護軟、硬體。

7.管理門禁安全。

 ## 進駐資格

1.符合經濟部中小企業之定義的公司皆可提出申請：

　＊製造業：資本額在新台幣六千萬元以下，或經常僱用之
　　員工人數二百人以下。

　＊技術服務業：資本額在新台幣八千萬元以下，或經常僱
　　用之員工人數五十人以下。

2.有完善之進駐計畫：

　＊進駐計畫書之格式與撰寫方式，請洽各育成中心。

 ## 現況

　　為落實培育中小企業發展之目標，經濟部中小企業處自1996
年起運用中小企業發展基金鼓勵公民營機構設立中小企業創新育

成中心，迄今已於全省北、中、南、東四區輔導設立 71所中小企業育成中心，再加上中小企業發展基金投資之南港軟體育成中心、南科創新育成中心、南港生物科技育成中心及經濟部輔導設立之工研院育成中心，累計已設立75所育成中心，另民間設立之育成中心也正蓬勃發展中。

 ## 未來發展

　　在我國，育成中心不僅是培育新興科技產業的搖籃，也是促成產學研合作、協助地區中小企業發展的重要政策工具。目前國內育成中心的經營主體以大學院校占多數，然經濟部此刻正鼓勵民間及財團法人資源投入育成產業，並研擬整合大學型、法人型、政府型及民間型育成中心的專長特性與資源優勢，提供中小企業從創意、創新到創業的過程中完整的育成服務。為進一步強化育成中心之功能，充分釋放育成中心的創業與創新輔導能量，經濟部更規劃多項創業支援輔導工作，包括創業諮詢服務、創業創新養成學苑及創業家圓夢坊及新創事業獎等，希望配合現有的育成中心運作機制，加強中小企業研發創新及開發新事業的輔導功能，積極建構中小企業創業與創新育成平台，為當前的經濟景氣注入新的活力。

資料來源：經濟部中小企業處（2004）。中小企業創新育成中心簡介，
　　　　　http://incub.cpc.org.tw。

4.07 中小企業創新育成中心索引資料

政府機關	
經濟部中小企業處	http://www.moeasmea.gov.tw/
行政院國家科學委員會	http://www.nsc.gov.tw/
經濟部工業局	http://www.moeaidb.gov.tw/
經濟部技術處	http://doit.moea.gov.tw
經濟部技術處SBIR計畫辦公室	http://www.sbir.org.tw/
育成中心	
台灣大學育成中心	http://www.ntuiic.com/
世新大學育成中心	http://www.shu.edu.tw/htm/main.asp
文化大學育成中心	http://www.cec.pccu.edu.tw/incubator/
陽明大學育成中心	http://www.ym.edu.tw/incubator/
政治大學育成中心	http://iic.nccu.edu.tw
淡江大學育成中心	http://www.cpic.tknet.net/
元智大學育成中心	http://www.siic.yzu.edu.tw/
中科院龍園園區育成中心	http://www.wice.com.tw/
中原大學育成中心	http://www.cycu-cyic.org.tw/
萬能技術學院育成中心	http://www2.vit.edu.tw/vnit
交通大學育成中心	http://www.iic-nctu.org.tw/
勤益技術學院育成中心	http://www.ncit.edu.tw/iic
大葉大學育成中心	http://www.dyu.edu.tw/_ec4009/
彰化師範大學育成中心	http://www.abc.ncue.edu.tw/ ncue/new.htm
環球技術學院育成中心	http://www.tit.edu.tw/
中正大學育成中心	http://ccuincubat.ccu.edu.tw
成功大學育成中心	http://www.univenture.ncku.edu.tw/
南台科技大學育成中心	http://www.stut.edu.tw/
高雄第一科技大學育成中心	http://www.nkfust.edu.tw/_incub/
中山大學育成中心	http://www.incubator.nsysu.edu.tw/

高雄應用科技大學育成中心	http://www.incubator.kuas.edu.tw/
永達技術學院育成中心	http://192.192.202.241/AIC/ytic-first.htm
台東師範學院育成中心	http://www.ntttc.edu.tw/imsb/
東華大學育成中心	http://incubate.ndhu.edu.tw
大漢技術學院育成中心	http://www.dahan.edu.tw/
鞋技中心育成中心	http://www.shoenet.org.tw/
台灣師範大學育成中心	http://www.ntnuic.org.tw/
雲林科技大學育成中心	http://csmbi.yuntech.edu.tw
中華大學育成中心	http://www.iic.chu.edu.tw/
清華大學育成中心	http://my.nthu.edu.tw/_iic/
台灣科技大學育成中心	http://www.ntust.edu.tw/_bic
銘傳大學育成中心	http://www.mcu.edu.tw/admin/incubator
中興大學育成中心	http://www.nchu.edu.tw/Eincubate/
中華技術學院育成中心	http://www.chit.edu.tw/job/TC/ index-1.htm
台灣海洋大學育成中心	http://houic.cs.ntou.edu.tw
高雄海洋科技大學育成中心	http://www.nkimt.edu.tw/
宜蘭科技創業中心	http://www.ilectw.com.tw/
中央大學育成中心	http://www.iic.ncu.edu.tw/
台灣藝術大學育成中心	http://www.ntua.edu.tw/_d34
台北科技大學育成中心	http://www.cc.ntut.edu.tw/_wwwincu/
樹德科技大學育成中心	http://www.stu.edu.tw/
朝陽科技大學育成中心	http://www.cyut.edu.tw/_incubatr
屏東商業技術學院育成中心	http://www.incubat.npic. edu.tw/
長庚大學育成中心	http://www.cgu.edu.tw/
明志技術學院育成中心	http://miti.mit.edu.tw
崑山科技大學育成中心	http://www.ksut.edu.tw/
虎尾技術學院育成中心	http://nhit.twiic.org
亞東技術學院育成中心	http://www.oit.edu.tw/
高苑技術學院育成中心	http://www.ic.kyit.edu.tw/
塑膠中心育成中心	http://home.pidc.org.tw/incubator

逢甲大學育成中心	http://bic.org.tw
和春技術學院育成中心	http://www2.fjtc.edu.tw/iic/index.htm
屏東科技大學育成中心	http://www.npust.edu.tw/
實踐大學育成中心	http://www.usc.edu.tw/
馬偕紀念醫院育成中心	http://203.69.179.10/taitam. mmhicc/
高雄大學育成中心	http://www.nuk.edu.tw/abic
輔仁大學育成中心	http://iic.fju.edu.tw
嘉義市政府育成中心	http://www.incubator.ncyu.edu.tw/
南港軟體育成中心	http://www.nsi.org.tw/
台南科學園區育成中心	http://www.moeasmea.gov.tw/
工研院創業育成中心	http://incubator.itri.org.tw
宏遠育成創投公司	http://www.vistaincubator.com/
渴望園區創新中心	http://www.acer.org/
中國醫藥研究所育成中心	http://www.nricm.edu.tw/
東南技術學院育成中心	http://www.tnit.edu.tw/
中國醫藥學院生物科技發展育成中心	http://www.cmc.edu. tw/
佛光人文社會學院育成中心	http://www.fgu.edu.tw/_chinlang/001edc/laws/law4.htm
中山大學穆拉德生物科技育成中心	http://www.nsysu.edu. tw/
經濟部中小企業處南港生技育成中心	http://www.nbic.org. tw
明水貝斯創新育成中心	http://www.cnavi.com.tw
明道管理學院創新育成中心	http://www.mdu.edu.tw
空中大學創新育成中心	http://incubator.nou.edu.tw/ main.htm
水利產業知識化育成中心	http://www.wpeiic.ncku.edu.tw
高雄醫學大學生物醫學創新育成中心	http://www.kmu. edu.tw/departments/biic/index.php
東海大學創新育成中心	http://www2.thu.edu.tw/_iic/ main.htm

中油公司煉製研究所創新育成中心	http://www.rmrc.com.tw
台北醫學大學創新育成中心	—
秀傳紀念醫院創新育成中心	—
建國技術學院創新育成中心	—
嘉義大學創新育成中心	—
遠東技術學院精密機械創新育成中心	—
經濟部中小企業處南科育成中心	—
義守大學創新育成中心	—
台東大學創新育成中心	—
聯合大學創新育成中心	—
台灣動物科技研究所創新育成中心	—
中山科學研究院台中園區創新育成中心	—
澎湖技術學院島嶼產業科技創新育成中心	—
相關資源	
中華創業育成協會	http://www.cbia.org.tw/
華陽中小企業開發股份有限公司	http://www.sunsino.com.tw/
台灣育成中小企業開發公司	http://www.incubator.com.tw/
中華民國創業投資商業同業公會	http://www.tvca.org.tw/
鼓勵中小企業開發新技術推動計畫辦公室	http://www.sbir.org.tw/
國外育成單位	
美國育成協會	http://www.nbia.org/
日本新事業支援機關協議會	http://www.janbo.gr.jp/
地域振興整備公團	http://www.region.go.jp/
Incubator for Multimedia Industry Osaka	http://www.imedio.or.jp/
dream incubator Co.	http://www.dreamincubator.co.jp/
上海市科技創業中心	http://www.tic.stn.sh.cn/
韓國育成協會	http://www.kobia.or.kr/
NangYang Technological University	http://gemsweb.ntu.edu.sg/iGems

資料來源：經濟部中小企業處，中小企業創新育成中心，http://incub.cpc.
org.tw（資料時有更新，讀者可隨時自行上網查詢）。

4.08 創業投資公司索引資料

 創業投資之定義

　　創業投資基金 （Venture Capital Fund） 是指由一群具有科技或財務專業知識和經驗的人士操作，並且專門投資在具有發展潛力以及快速成長公司的基金。創業投資是以支持「新創事業」，並為「未上市企業」提供股權資本的投資活動，但並不以經營產品為目的。其更可擴及將資金投資於需要併購與重整的未上市企業，以實現再創業的理想之投資行為。有別於一般公開流通的證券投資活動，創業投資主要是以私人股權方式從事資本經營，並以培育和輔導企業創業或再創業，來追求長期資本增值的高風險、高收益的行業。

　　一般而言，創業投資公司會執行以下幾項工作：

・投資新興而且快速成長中的科技公司。

・協助新興的科技公司開發新產品、提供技術支援及產品行銷管道。

・承擔投資的高風險並追求高報酬。

・以股權的型態投資於這些新興的科技公司。

・經由實際參與經營決策提供具附加價值的協助。

創業投資公司一覽表

2003年8月1日

總號	公司名稱	成立日期	負責人	電話	傳真
1	宏大創業投資（股）	1984	施振榮	86911072	86911026
2	中華創業投資（股）	1985	劉泰英	27051006	27051008
3	漢通創業投資（股）	1986	苗豐盛	87807815	87807825
4	台灣創業投資（股）	1987	柯長崎	25521516	25584079
5	和通創業投資（股）	1987	黃政旺	25006700	25029716
6	國際創業投資（股）	1987	高國倫	27048018	27042787
7	全球創業投資（股）	1988	黃興來	23616550	23310549
8	中歐創業投資（股）	1989	劉泰英	27051006	27051008
9	普訊創業投資（股）	1989	柯文昌	87978787	87977999
10	歐華創業投資（股）	1990	高育仁	23952588	23947170
11	菁英創業投資（股）	1990	沈尚弘	27625805	27635332
12	德和創業投資（股）	1990	陳鴻智	27470030	27472177
13	中租創業投資（股）	1991	王伯元	25093533	25099358
14	大華創業投資（股）	1992	何壽川	27636276	27637870
15	利通創業投資（股）	1992	黃政旺	25006626	25029716
16	中亞創業投資（股）	1993	胡定吾	27051006	27051008
17	宏誠創業投資（股）	1993	曹興誠	27006999	27026208
18	建功創業投資（股）	1994	胡定華	25460889	25460738
19	和信創業投資（股）	1995	顏和永	87256100	87803000
20	聚利創業投資（股）	1995	吳亦圭	27983295	26599530
21	中誠創業投資（股）	1995	王伯元	25093533	25099358
22	育華創業投資（股）	1995	高育仁	23952588	23947170
23	聯成創業投資（股）	1995	苗豐強	26579368	26577966
24	漢友創業投資（股）	1995	焦佑倫	25465155	27195365
25	雙勝創業投資（股）	1996	林瀚東	25072960	25006908
26	中富創業投資（股）	1996	李庸三	27051006	27051008
27	世功創業投資（股）	1996	廖繼誠	27184318	27189717
28	日鑫創業投資（股）	1996	盧瑞彥	27182330	25467182
29	中怡創業投資（股）	1996	楊邦彥	25093533	25099358
30	鴻揚創業投資（股）	1996	郭台銘	27081915	27081932
31	普寶創業投資（股）	1996	柯文昌	87978787	87977999

（續）創業投資公司一覽表

2003年8月1日

總號	公司名稱	成立日期	負責人	電話	傳真
32	泰鑫創業投資（股）	1996	陳武雄	27182330	25467182
33	東光創業投資（股）	1996	黃茂雄	25093533	25099358
34	富通創業投資（股）	1996	黃政旺	25006700	25029716
35	益鼎創業投資（股）	1996	朱炳昱	23318113	23756460
36	富邦創業投資（股）	1996	蔡明忠	87739996	87739997
37	和喬創業投資（股）	1996	吳春台	23458998	23455382
38	宏鑫創業投資（股）	1996	蔡明介	27182330	25467182
39	惠華創業投資（股）	1997	何壽川	27636276	27637870
40	登峰創業投資（股）	1997	李正明	25072960	25006908
41	友信創業投資（股）	1997	林蕭誠	27065750	27065800
42	國僑創業投資（股）	1997	王英傑	27048018	27092127
43	中經合國際創業投資（股）	1997	趙天星	27556033	27092127
44	新育創業投資（股）	1997	胡定華	27377069	27377386
45	華一創業投資（股）	1997	賴勝惠	27066627	27079751
46	人亞創業投資（股）	1997	沈尚弘	87739996	87739997
47	力世創業投資（股）	1997	黃崇仁	25170055	25179208
48	台元創業投資（股）	1997	吳舜文	27555000	27552000
49	漢邦創業投資（股）	1997	焦佑倫	25465155	27195365
50	首席創業投資（股）	1997	林坤銘	27022870	27554808
51	和訊創業投資（股）	1997	辜成允	25093533	25099358
52	德安創業投資（股）	1997	陳鴻智	27470030	27472177
53	萬通創業投資（股）	1997	黃政旺	25006700	25016864
54	怡華創業投資（股）	1997	王伯元	25093533	25099358
55	遠邦創業投資（股）	1997	胡定吾	27512345	27515416
56	遠東創業投資（股）	1997	王令麟	27182330	25467182
57	前通創業投資（股）	1997	黃政旺	03-3286561	03-3284128
58	大學創業投資（股）	1997	簡明仁	27174500	27120231
59	展新創業投資（股）	1997	沈慶京	27481807	27481820
60	國鼎創業投資（股）	1997	陳泰銘	29177555	29171018
61	旭揚創業投資（股）	1997	邱中和	27579585	27579586
62	漢榮創業投資（股）	1997	李顯榮	27209855	27222106

（續）創業投資公司一覽表

2003年8月1日

總號	公司名稱	成立日期	負責人	電話	傳真
63	連勝創業投資（股）	1997	杜恆誼	25072960	25006908
64	友亮創業投資（股）	1997	林薑誠	27065750	27065800
65	中原國際創業投資（股）	1998	葉垂景	27597279	27596859
66	沅灃創業投資（股）	1997	林阿平	27022870	27554808
67	大鑫創業投資（股）	1997	陳致遠	27182330	25467182
68	華敬創業投資（股）	1998	莊月清	27540168	27540169
69	和茂創業投資（股）	1998	陳武雄	89769268	89769269
70	兆豐創業投資（股）	1998	唐松章	27540168	27540169
71	華信創業投資（股）	1998	賴勝惠	27066627	27079751
72	衍富創業投資（股）	1998	陳天貴	27113401	27113403
73	漢新創業投資（股）	1998	焦佑倫	25465155	27195365
74	宏嘉創業投資（股）	1998	陳漢清	25044377	25044367
75	華南創業投資（股）	1998	林瑞章	07-5554336	07-5554327
76	華中創業投資（股）	1998	廖本林	27066627	27079751
77	華大創業投資（股）	1998	林維邦	87721000	87723000
78	德邦創業投資（股）	1998	詹尚德	03-5257928	03-5257930
79	普訊伍創業投資（股）	1998	柯文昌	87978787	87977999
80	力宇創業投資（股）	1998	黃崇仁	25176896	25179208
81	承揚創業投資（股）	1998	蔡奮鬥	27787552	27781314
82	富華創業投資（股）	1998	高育仁	23952588	23947170
83	寶通創業投資（股）	1998	黃博治	25006700	25029716
84	大仁創業投資（股）	1998	郭瑞嵩	25093533	25099358
85	大中創業投資（股）	1998	許顯榮	25093533	25099358
86	大友創業投資（股）	1998	林隆士	25093533	25099358
87	嘉誠創業投資（股）	1998	黃鋕銘	03-5646060	03-5646099
88	宏通創業投資（股）	1998	施振榮	25166366	25161606
89	鼎祥創業投資（股）	1998	徐正泰	27181038	27183880
90	欣鑫創業投資（股）	1998	王國肇	27182330	25467182
91	建成創業投資（股）	1998	胡定華	25460889	25460738
92	極品創業投資（股）	1998	李正明	25072960	25006908
93	友恆創業投資（股）	1998	林薑誠	27065750	27065800

（續）創業投資公司一覽表

2003年8月1日

總號	公司名稱	成立日期	負責人	電話	傳真
94	德宏創業投資（股）	1998	葉佳紋	22902190	22900660
95	中冠創業投資（股）	1998	馬玉山	27051006	27051008
96	聯太創業投資（股）	1998	孫道濟	87511155	87511212
97	台新創業投資（股）	1998	吳東亮	25318678	25318646
98	漢中創業投資（股）	1998	李香雲	25465155	27195365
99	嘉華創業投資（股）	1998	蔡文惠	27686565	27679797
100	佳通創業投資（股）	1998	神原勇	25006700	25029716
101	華榮創業投資（股）	1998	王玉珍	27027756	27548667
102	菁通創業投資（股）	1998	許勝雄	27625805	27635332
103	普訊陸創業投資（股）	1998	柯文昌	87978787	87977999
104	第一生技創業投資（股）	1999	李正明	25072960	25006908
105	華正創業投資（股）	1999	莊月清	27540168	27540169
106	中華國際創業投資（股）	1999	吳永豐	23257998	23257933
107	中太創業投資（股）	1999	顏瑛宗	27710168	27733342
108	國通創業投資（股）	1999	黃國欣	25006700	25029716
109	盛華創業投資（股）	1999	宋鐵民	27117866	27117966
110	中華世紀創業投資（股）	1999	張景平	23257998	23257933
111	漢崴創業投資（股）	1999	黃惠玲	25465155	27195365
112	中鑫創業投資（股）	1999	邱羅火	27182330	25467182
113	聯茂創業投資（股）	1999	張東隆	23466773	23466797
114	建弘創業投資（股）	1999	邱再興	23705085	23819676
115	明鑫創業投資（股）	1999	周明智	25428260	25428265
116	永鑫創業投資（股）	1999	張峰旗	27550606	23255815
117	中山創業投資（股）	1999	黃德強	07-5254593	07-5254596
118	群通創業投資（股）	1999	張耀煌	87806889	87802089
119	有為創業投資（股）	1999	一	27065750	27065800
120	國際第三創業投資（股）	1999	高英士	27048018	27042787
121	立信創業投資（股）	1999	林明發	27597279	27596859
122	德桃創業投資（股）	1999	徐莉莉	22902190	22900660
123	德隆創業投資（股）	1999	葉佳紋	22902190	22900660
124	信朝創業投資（股）	1999	沈英儀	27828929	27859673

（續）創業投資公司一覽表

2003年8月1日

總號	公司名稱	成立日期	負責人	電話	傳真
125	旭邦創業投資（股）	1999	蔡明興	87739996	87739997
126	思源創業投資（股）	1999	宣明智	87739996	87739997
127	尚揚創業投資（股）	1999	鄒若齊	07-3382288	07-3387110
128	信鑫創業投資（股）	1999	蔡明介	27182330	25467182
129	美鑫創業投資（股）	1999	陳致遠	27182330	25467182
130	群威創業投資（股）	1999	陳田文	87896288	87892938
131	富裕創業投資（股）	1999	湯宇方	27555000	27552000
132	普訊柒創業投資（股）	1999	柯文昌	87978787	87977999
133	中盛創業投資（股）	1999	陳開元	27051006	27051008
134	大昕創業投資（股）	1999	陳國森	26203388	26224263
135	國際前瞻創業投資（股）	1999	林百里	23257998	23257933
136	廣達創業投資（股）	1999	林百里	03-3272345	03-3271511
137	鋏富創業投資（股）	1999	葉垂景	85212111	85218950
138	鴻威創業投資（股）	1999	葉博任	03-5780211	03-5787314
139	漢華創業投資（股）	1999	焦佑倫	25465155	27195365
140	研鑫創業投資（股）	1999	莊永順	27013066	27013022
141	交大創業投資（股）	1999	宣明智	27182330	25467182
142	世界生技創業投資（股）	1999	李正明	25072960	25006908
143	三圓創業投資（股）	1999	王光祥	27022870	27554808
144	凌陽創業投資（股）	1999	黃洲杰	03-5789145	03-5645100
145	友泰創業投資（股）	1999	高次軒	03-5636666	03-5643988
146	巨邦一創業投資（股）	2000	胡定吾	27512345	27515416
147	巨邦二創業投資（股）	2000	崔湧	27512345	27515416
148	聯訊創業投資（股）	2000	苗豐強	26579368	26577966
149	華彩創業投資（股）	2000	陳瑞聰	23895577	23706622
150	華彩壹創業投資（股）	2000	黃茂雄	23895577	23706622
151	宏華創業投資（股）	2000	宋鐵民	27117866	27117966
152	聯合創業投資（股）	2000	王關生	27097078	27097098
153	榮華創業投資（股）	2000	周明智	25428260	25428265
154	群和創業投資（股）	2000	吳東進	87806889	87802089
155	台灣工銀創業投資（股）	2000	黃茂雄	27229933	87883001

（續）創業投資公司一覽表

2003年8月1日

總號	公司名稱	成立日期	負責人	電話	傳真
156	坤基創業投資（股）	2000	江丙坤	27022870	27554808
157	華志創業投資（股）	2000	唐松章	27540168	27540169
158	華訊創業投資（股）	2000	呂學仁	27540168	27540169
159	怡泰創業投資（股）	2000	陳翼良	27551399*3074	27551099
160	日盛創業投資（股）	2000	林吉勝	—	—
161	尊品創業投資（股）	2000	李正明	25072960	25157615
162	宏遠科技創業投資（股）	2000	陳致遠	25235655	25235755
163	中大創業投資（股）	2000	曾安平	07-2159306	07-2725221
164	聯寶創業投資（股）	2000	吳嘉麟	—	—
165	建邦創業投資（股）	2000	胡定華	25460889	25460738
166	普訊捌創業投資（股）	2000	柯文昌	87978787	87977999
167	建興創業投資（股）	2000	劉吉雄	25707983	25703107
168	汎揚創業投資（股）	2000	陳振榮	07-3382288	07-3387110
169	環訊創業投資（股）	2000	楊世緘	23250777	27544778
170	中科創業投資（股）	2001	楊世緘	87706968	87706958
171	松鎮創業投資（股）	2001	鮑世嘉	—	—
172	利鼎創業投資（股）	2001	葉儀皓	23318113	23756460
173	中經合全球創業投資（股）	2001	趙天星	27556033	27092127
174	誠宇創業投資（股）	2001	徐立德	27411162	27773770
175	大華富鑫創業投資（股）	2001	邱羅火	27182330	25467182
176	景福創業投資（股）	2001	黃梓洋	26598862	26598857
177	合鼎創業投資（股）	2002	葉儀皓	23318113	23756460
178	德陽生物科技創業投資（股）	2002	翁仲男	27066627	27079751
179	勝通創業投資（股）	2002	黃敏助	25006700	25029716

已更名改業者：世群、漢茂、永豐餘、大通、誠信、漢華、元通、建榮、普二、普參及亞洲等11家。

尚未成立者：華鼎、華國、華竹、哥倫布、金誠、聯誠、榮成、展榮、泰豐、華矽、震旦及粟益等12家

資料來源：中華民國創業投資商業同業公會（http://www.tvca.org.tw）。

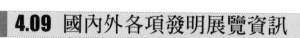

4.09 國內外各項發明展覽資訊

展覽名稱	展覽地點／獎金	主辦單位	報名日期	展覽日期
國家發明創作展	視主辦單位決定（若需索取報名表，可事前與主辦單位聯絡） 發明獎金牌：NT.45萬元 發明獎銀牌：NT.30萬元 創作獎金牌：NT.25萬元 創作獎銀牌：NT.20萬元	經濟部智慧財產局 TEL：（02）27380007 聯絡人：綜合企畫組 各發明相關團體協辦	報名時間不定	每年8月至12月間
全國發明展	台北、台中、高雄視主辦單位決定（若需索取報名表，可事前與主辦單位聯絡） 金頭腦獎：NT.12萬元 優良獎：NT.5萬元	經濟部智慧財產局 TEL：（02）27380007 聯絡人：綜合企畫組 各發明相關團體協辦	報名時間不定	每年8月至12月間
國家發明獎	視主辦單位決定（若需索取報名表，可事前與主辦單位聯絡） 金牌獎：NT.100萬元 銀牌獎：NT.50萬元 銅牌獎：NT.20萬元	經濟部智慧財產局 TEL：（02）27380007 聯絡人：綜合企畫組 各發明相關團體協辦	報名時間不定	每年8月至12月間
中華民國發明及創新展覽會	國立台灣科學教育館 台北市南海路41號	國立台灣科學教育館展覽組 TEL：（02）23116733	每年6月1日至6月底	每年8月1日至8月底
中華文化復興運動總會科學技術研究發明獎	台北市和平東路二段106號20樓 金牌獎：NT.15萬元 銀牌獎：NT.10萬元 銅牌獎：NT.5萬元	科學技術委員會 TEL：（02）27377776 聯絡人：秘書處	每年4月1日至6月底	由主辦單位決定
全國學生創意比賽	地點：台北市。 報名分國小組、國中組、高中組、大專組，獲獎者頒獎狀及獎金NT.3,000～5,000萬	經濟部智慧財產局 TEL：（02）27380007#2924	每年3月至5月間	當年5月間初選，獲獎作品7月間公開展出
東元科技獎	地點：視主辦單位決定。 獎項：電機／資訊、機械／能源、化工／材料、生物／醫工、音樂創作五大領域，各頒獎一名，各得獎金NT.60萬元	財團法人東元科技文教基金會 TEL：（02）25422338#15 網址：www.tecofound.org.tw/4-102.htm	每年6月1日至8月15日	經評後於當年11月底前頒獎表揚

209

展覽名稱	展覽地點/獎金	主辦單位	報名日期	展覽日期
北京國際發明展覽會（中國大陸國際展）	中國各大城市輪流主辦	台北市發明人協會 TEL：(02) 27353090 聯絡人：秘書處	每兩年1次約7月間	約10月間
廣州新技術新產品博覽會	廣州市春秋交易會場	台灣省發明人協會 TEL：(02) 23611818 FAX：(02) 23816988	每年8月間	每年11月間
星火杯創造發明競賽	巡迴大陸各個省分並在上海舉行受獎大會	松江國際專利商標事務所 TEL：(02) 25634645	每年10月底	由主辦單位決定
世界華人發明展覽會	香港會議展覽中心	台北市發明人協會 TEL：(02) 27353090 聯絡人：秘書處	每年約9月	每年11月間
德國紐倫堡國際發明暨新產品展覽會	NUREMBERG FAIR CENTER NUREMBERG FEDERAL REPUBLIC OF GERMANY	台灣傑出發明人協會 TEL：(02) 22451663 聯絡人：秘書處	每年約7月	每年10月至11月間
瑞士日內瓦國際發明展	RUE DU 31-DECEMBRE CH 1207 GENEVA SWITZERLAND	台灣省發明人協會 TEL：(02) 27401577 聯絡人：秘書處	每年約1月	每年約3月
新加坡國際發明創新展	新加坡國際展覽館	台北市發明人協會 台灣省發明人協會 TEL：(02) 27353090 聯絡人：秘書處	每年1月至2月底（每兩年1次）	約3月間
比利時布魯塞爾國際發明展	比利史布魯塞爾	台灣省發明人協會 TEL：(02) 27401577 聯絡人：秘書處	每年約8、9月間	每年約10、11月間
英國倫敦國際展	英國倫敦	台北市發明人協會 TEL：(02) 27353090 聯絡人：秘書處	每年4月1日至4月底	每年5月底
日本國際發明展暨世界天才會議	日本東京新宿	中國國際發明得獎協會 TEL：(03) 9770882 FAX：(03) 9774046 聯絡人：秘書處	每年約7月至9月間	每年約11月間
韓國國際發明創新展	漢城國際展覽館	台北市發明人協會 台灣省發明人協會 TEL：(02) 27353090 聯絡人：秘書處	每年約8月間（每兩年1次）	約12月間
美國匹茲堡國際發明與新產品展覽會	美國賓州匹茲堡展覽會館 EXPO MARTPITTSBURG PA.USA	亞太國際專利商標事務所 TEL：(02) 25076622	每年約3月間	每年約5月

4.10 經濟部智慧財產局聯絡資料

經濟部智慧財產局

地址：106台北市大安區辛亥路二段185號（中央百世大樓）

總機電話：（02）2738-0007

專利櫃台服務人員分機3019、3020

網址：http://www.tipo.gov.tw

專利服務電子郵件信箱：ipo1p@tipo.gov.tw

本局及各服務處閱覽室開放時間：週一至週五8:30～17:30

本局專利、商標資料閱覽室

地址：106台北市大安區辛亥路二段185號4樓（中央百世大樓）

電話：（02）2738-0007轉4037、4038

傳眞：（02）2735-2920

新竹服務處資料閱覽室

地址：300新竹市北大路68號3樓

電話：（03）535-0235、（03）535-0255

傳眞：（03）535-0295

台中服務處資料閱覽室

地址：408台中市南屯區黎明路二段503號7樓（廉明樓）

電話：（04）2251-3761、（04）2251-3762～3

傳眞：（04）2251-3764

高雄服務處資料閱覽室

地址：801高雄市前金區成幼一路436號8樓

電話：（07）271-1922、（07）271-1923

傳真：（07）271-1603

資料來源：經濟部智慧財產局，為民服務資料，http://www.tipo.gov.tw。

4.11 專利案件審查流程簡介

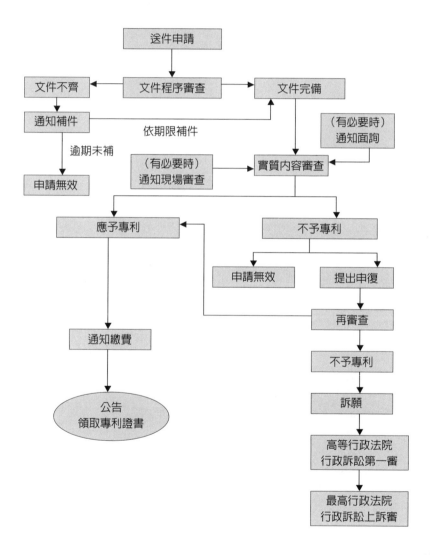

4.12 專利相關申請表格一覽表

	填表說明	申請須知	範例一	範例二
一、發明專利申請書	填表說明	申請須知	範例一	範例二
二、新型專利申請書	填表說明	申請須知	範例	
三、新型專利技術報告申請書	填表說明	申請須知	範例	
四、新式樣專利申請書	填表說明	申請須知	範例	
五、聯合新式樣專利申請書	填表說明	申請須知		
六、發明專利分割申請書	填表說明	申請須知		
七、新型專利分割申請書	填表說明	申請須知		
八、新式樣專利分割申請書	填表說明	申請須知		
九、專利再審查申請書	填表說明	申請須知		
十、專利異議申請書	填表說明	申請須知		
十一、專利舉發申請書	填表說明	申請須知		
十二、發明專利提早公開申請書	填表說明	申請須知		
十三、發明專利實體審查申請書	填表說明	申請須知		
十四、發明專利優先審查申請書	填表說明	申請須知		
十五、專利補充、修正申請書	填表說明	申請須知		
十六、專利更正申請書	填表說明	申請須知		
十七、專利申請權讓與登記申請書	填表說明	申請須知		
十八、專利申請權繼承登記申請書	填表說明	申請須知		
十九、專利權信託登記申請書	填表說明	申請須知		
二十、專利權讓與登記申請書	填表說明	申請須知		
二十一、專利權繼承登記申請書	填表說明	申請須知		
二十二、專利權授權實施登記申請書	填表說明	申請須知		
二十三、專利權質權登記申請書	填表說明	申請須知		
二十四、專利證書加註、補（換）發申請書	填表說明	申請須知		
二十五、專利證明文件申請書	填表說明	申請須知		
二十六、專利代理人登記申請書	填表說明	申請須知		
二十七、專利案件閱卷申請書	填表說明			
二十八、專利案件影印申請書	填表說明			
二十九、專利年費減免申請書	填表說明	申請須知		
三十、延緩公告專利申請書	填表說明			

資料來源：智慧財產局（http://www.tipo.gov.tw/patent/patent_table.asp）。

讀者可自行上網免費下載。

4.13 發明專利申請書表格

發明專利申請書

（本申請書格式、順序及粗體字，請勿任意更動，※記號部分請勿填寫）

※申請案號：　　　　　※案由：10000　　　事務所或申請人案件編號：
　　　　　　　　　　　　　　　　　　　　　　（可免填）

※申請日期：　　　　　※ＩＰＣ分類：
□本案一併申請實體審查（案由：24704）

一、發明名稱：（中文／英文）

二、申請人：（共　人）

　　　姓名或名稱：（中文／英文）（簽章）ID：

　　　□指定　　　　為應受送達人
　　　代表人：（中文／英文）（簽章）
　　　住居所或營業所地址：（中文／英文）

　　　國籍：（中文／英文）
　　　電話／傳真／手機：
　　　E-MAIL：

三、發明人：（共　人）

姓名：（中文／英文）ID：

國籍：（中文／英文）

◎專利代理人：

姓名：（蓋章）　　　　　　　　　ID：

證書字號：台代字第　　　　　　號

地址：

聯絡電話及分機：

E-MAIL：

四、聲明事項：

□主張專利法第二十二條第二項□第一款或□第二款規定之事實，
　其事實發生日期為：　年　月　日。

□主張專利法第二十七條第一項國際優先權：

【格式請依：受理國家（地區）、申請日、申請案號　順序註記】

　1.

　2.

□主張專利法第二十九條第一項國內優先權：

【格式請依：申請日、申請案號　順序註記】

□主張專利法第三十條生物材料：

　□須寄存生物材料者：

國內生物材料【格式請依：寄存機構、日期、號碼　順序註記】

國外生物材料【格式請依：寄存國家、機構、日期、號碼　順序註記】

□不須寄存生物材料者：
　所屬技術領域中具有通常知識者易於獲得時，不須寄存。

五、說明書頁數及規費：
　說明書：（　）頁，圖式：（　）頁，合計共（　）頁。
　規費：共計新台幣　萬　千　百元整。
　□發明專利申請案未附英文說明書，所檢附之說明書首頁及摘要同
　　時附有英文翻譯者，申請費減收新台幣八百元。（申請發明專利
　　規費為每件新台幣三千五百元整）
　（申請實體審查，專利說明書及圖式合計在五十頁以下者，每件新台幣
　　八千元；超過五十頁者，每五十頁加收新台幣五百元；其不足五十頁
　　者，以五十頁計。）

六、附送書件：
　□1.說明書一式三份。
　□2.必要圖式一式三份，圖式共（　）圖。
　□3.申請權證明書一份（發明人與申請人非同一人者）。
　□4.委任書一份（委任專利代理人或委託文件代收人者）。
　□5.外文說明書一式二份。
　□6.主張國際優先權之證明文件正本及首頁影本各一份、首頁中譯

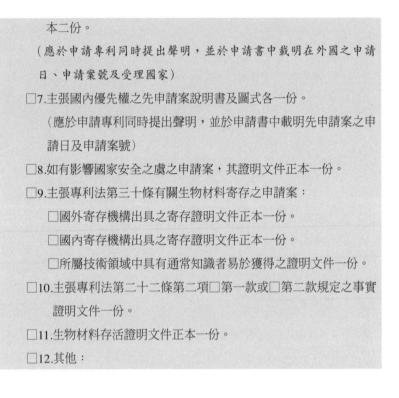

本二份。

（應於申請專利同時提出聲明，並於申請書中載明在外國之申請日、申請案號及受理國家）

□7.主張國內優先權之先申請案說明書及圖式各一份。

（應於申請專利同時提出聲明，並於申請書中載明先申請案之申請日及申請案號）

□8.如有影響國家安全之虞之申請案，其證明文件正本一份。

□9.主張專利法第三十條有關生物材料寄存之申請案：

　　□國外寄存機構出具之寄存證明文件正本一份。

　　□國內寄存機構出具之寄存證明文件正本一份。

　　□所屬技術領域中具有通常知識者易於獲得之證明文件一份。

□10.主張專利法第二十二條第二項□第一款或□第二款規定之事實證明文件一份。

□11.生物材料存活證明文件正本一份。

□12.其他：

申請權證明書

發明人 　　　　　　，發明之（名稱）：「　　　　　　　　　　　　　」
茲同意將此項申請權讓由 　　　　　申請專利。
　　此證

發明人姓名：（簽章）

住居所地址：

中華民國 　　　　　年 　　　　　月 　　　　　日

發明專利說明書

（本說明書格式、順序及粗體字，請勿任意更動，※記號部分請勿填寫）

※ 申請案號：

※ 申請日期：　　　　　　※ IPC分類：

一、發明名稱：（中文／英文）

二、申請人：（共　人）

　　姓名或名稱：（中文／英文）

　　代表人：（中文／英文）

　　住居所或營業所地址：（中文／英文）

　　國籍：（中文／英文）

三、發明人：（共　人）

　　姓名：（中文／英文）

　　國籍：（中文／英文）

四、聲明事項：

□主張專利法第二十二條第二項□第一款或□第二款規定之事實，
其事實發生日期為： 年 月 日。

□申請前已向下列國家（地區）申請專利：

【格式請依：受理國家（地區）、申請日、申請案號 順序註記】

□有主張專利法第二十七條第一項國際優先權：

□無主張專利法第二十七條第一項國際優先權：

□主張專利法第二十九條第一項國內優先權：

【格式請依：申請日、申請案號 順序註記】

□主張專利法第三十條生物材料：

□須寄存生物材料者：

國內生物材料【格式請依：寄存機構、日期、號碼 順序註記】

國外生物材料【格式請依：寄存國家、機構、日期、號碼 順序
註記】

□不須寄存生物材料者：

所屬技術領域中具有通常知識者易於獲得時，不須寄存。

五、中文發明摘要：

六、英文發明摘要：

七、指定代表圖：

（一）本案指定代表圖為：第（ ）圖。

（二）本代表圖之元件符號簡單說明：

八、本案若有化學式時，請揭示最能顯示發明特徵的化學式：

九、發明說明：

　　【發明所屬之技術領域】

　　【先前技術】

　　【發明內容】

　　【實施方式】

　　【圖式簡單說明】

　　【主要元件符號說明】

十、申請專利範圍：

十一、圖式：

資料來源：智慧財產局（http://www.tipo.gov.tw）。

4.14 新型專利申請書表格

新型專利申請書

（本申請書格式、順序及粗體字，請勿任意更動，※記號部分請勿填寫）

※申請案號：　　※案由：10002　　　　事務所或申請人案件編號：
　　　　　　　　　　　　　　　　　　　　（可免填）

※申請日期：　　※IPC分類：

一、新型名稱：（中文／英文）

二、申請人：（共　　人）

　　姓名或名稱：（中文／英文）（簽章）ID：

　　□指定　　　　爲應受送達人

　　代表人：（中文／英文）（簽章）

　　住居所或營業所地址：（中文／英文）

　　國籍：（中文／英文）

　　電話／傳眞／手機：

　　E-MAIL：

三、創作人：（共　人）

　　姓名：（中文／英文）ID：

國籍：（中文／英文）

◎專利代理人：

姓名：（蓋章）　　　　　　　　　ID：

證書字號：台代字第　　　　　　　號

地址：

聯絡電話及分機：

E-MAIL：

四、聲明事項：

□主張專利法第九十四條第二項□第一款或□第二款規定之事實，

　　其事實發生日期為：　年　月　日。

□主張專利法第一百零八條準用第二十七條第一項國際優先權：

　　【格式請依：受理國家（地區）、申請日、申請案號　順序註記】

　　1.

　　2.

□主張專利法第一百零八條準用第二十九條第一項國內優先權：

　　【格式請依：申請日、申請案號　順序註記】

五、說明書頁數及規費：

　　說明書：（　）頁，圖式：（　）頁，合計共（　）頁。

　　規費：新台幣三千元整。

六、附送書件：

　　□1.說明書一式二份。

　　□2.必要圖式一式二份，圖式共（　　）圖。

　　□3.申請權證明書一份（創作人與申請人非同一人者）。

　　□4.委任書一份（委任專利代理人或委託文件代收人者）。

　　□5.外文說明書一式二份。

　　□6.主張國際優先權之證明文件正本及首頁影本各一份、首頁中譯
　　　　本二份。

　　　　（應於申請專利同時提出聲明，並於申請書中載明在外國之申
　　　　請日、申請案號及受理國家）

　　□7.主張國內優先權之先申請案說明書及圖式各一份。

　　　　（應於申請專利同時提出聲明，並於申請書中載明先申請案之
　　　　申請日及申請案號）

　　□8.如有影響國家安全之虞之申請案，其證明文件正本一份。

　　□9.主張專利法第九十四條第二項　第一款或　第二款規定之事實證
　　　　明文件一份。

　　□10.其他：

申請權證明書

創作人　　　　　　，創作之（名稱）：「　　　　　　　　　　」
茲同意將此項申請權讓由　　　　　　申請專利。

　此證

創作人姓名：（簽章）

住居所地址：

中華民國　　　　　年　　　　月　　　　日

新型專利說明書

（本說明書格式、順序及粗體字，請勿任意更動，※記號部分請勿填寫）

※申請案號：

※申請日期：　　　　　　※IPC分類：

一、新型名稱：（中文／英文）

二、申請人：（共　人）

　　姓名或名稱：（中文／英文）

　　代表人：（中文／英文）

　　住居所或營業所地址：（中文／英文）

　　國籍：（中文／英文）

三、創作人：（共　人）

　　姓名：（中文／英文）

　　國籍：（中文／英文）

四、聲明事項：

　　□主張專利法第九十四條第二項□第一款或□第二款規定之事實，

　　其事實發生日期為：　年　月　日。

□申請前已向下列國家（地區）申請專利：

【格式請依：受理國家（地區）、申請日、申請案號　順序註記】

□有主張專利法第一百零八條準用第二十七條第一項國際優先權：

□無主張專利法第一百零八條準用第二十七條第一項國際優先權：

□主張專利法第一百零八條準用第二十九條第一項國內優先權：

【格式請依：申請日、申請案號　順序註記】

五、中文新型摘要：

六、英文新型摘要：

七、指定代表圖：

　　（一）本案指定代表圖為：第（　）圖。

　　（二）本代表圖之元件符號簡單說明：

八、新型說明：

　　【新型所屬之技術領域】

　　【先前技術】

　　【新型內容】

　　【實施方式】

　　【圖式簡單說明】

　　【主要元件符號說明】

九、申請專利範圍：

十、圖式：

資料來源：智慧財產局（http://www.tipo.gov.tw）。

4.15 新式樣專利申請書表格

新式樣專利申請書

（本申請書格式、順序及粗體字，請勿任意更動，※記號部分請勿填寫）

※申請案號：　　　※案由：　10008

※申請日期：　　　※LOC 分類：

一、新式樣物品名稱：（中文／英文）

二、申請人：（共　　人）

　　姓名或名稱：（中文／英文）（簽章）ID：

　　□指定　　　爲應受送達人

　　代表人：（中文／英文）（簽章）

　　住居所或營業所地址：（中文／英文）

　　國籍：（中文／英文）

　　電話／傳眞／手機：

　　E-MAIL：

三、創作人：（共　　人）

姓名：（中文／英文）　　　　　　ID：

國籍：（中文／英文）

◎專利代理人：

姓名：（蓋章）　　　　　　　　　ID：

證書字號：台代字第　　　　　　　號

地址：

聯絡電話及分機：

E-MAIL：

四、聲明事項：

　　□主張專利法第一百十條第二項第一款規定之事實，其事實發生日
　　　　期為：　　年　　月　　日。

　　□主張專利法第一百二十九條準用第二十七條第一項國際優先權：

　　　　【格式請依：受理國家（地區）、申請日、申請案號　順序註記】

　　1.

　　2.

五、圖說頁數及規費：

　　圖說：共（　）頁。

　　規費：新台幣三千元整。

六、附送書件：

☐1.圖說一式二份，圖面共（　　）圖。

☐2.申請權證明書一份（創作人與申請人非同一人者）。

☐3.委任書一份（委任專利代理人或委託文件代收人者）。

☐4.外文圖說一式二份。

☐5.主張國際優先權之證明文件正本及首頁影本各一份、首頁中譯本二份。

（應於申請專利同時提出聲明，並於申請書中載明在外國之申請日、申請案號及受理國家）

☐6.主張專利法第一百十條第二項第一款規定之事實證明文件一份。

☐7.其他：

申請權證明書

創作人 ＿＿＿＿＿＿＿＿，創作之（名稱）：「 ＿＿＿＿＿＿＿＿ 」

茲同意將此項申請權讓由 ＿＿＿＿ 申請專利。

　此證

創作人姓名：（簽章）

住居所地址：

中華民國 　　　　　 年 　　　　　 月 　　　　　 日

新式樣專利圖説

（本圖説格式、順序及粗體字，請勿任意更動，※記號部分請勿填寫）

※申請案號：

※申請日期：　　　　　※LOC分類：

一、新式樣物品名稱：（中文／英文）

二、申請人：（共　人）

　　姓名或名稱：（中文／英文）

　　代表人：（中文／英文）

　　住居所或營業所地址：（中文／英文）

　　國籍：（中文／英文）

三、創作人：（共　　人）

　　姓名：（中文／英文）

　　國籍：（中文／英文）

四、聲明事項：

　　□主張專利法第一百十條第二項第一款規定之事實，其事實發生日

　　　期為：　年　月　日。

　　□申請前已向下列國家（地區）申請專利：

　　　【格式請依：受理國家（地區）、申請日、申請案號　順序註記】

　　　□有主張專利法第一百二十九條準用第二十七條第一項國際優先

　　　　權：

　　　□無主張專利法第一百二十九條準用第二十七條第一項國際優先

　　　　權：

五、創作說明：

　　【物品用途】

　　【創作特點】

六、圖面說明：

七、圖面：

　　（指定之代表圖，請單獨置於圖面頁第一頁）

資料來源：智慧財產局（http://www.tipo.gov.tw）。

4.16 發明專利實體審查申請書表格

發明專利實體審查申請書

（本申請書格式、順序及粗體字，請勿任意更動，※記號部分請勿填寫）

※申請案號：　　　　　※案由：24704　　　事務所或申請人案件編號：

※申請日期：　　　　　　　　　　　　　　　　（可免填）

一、發明名稱：

二、申請人：（共　　人）□為專利申請人　□非專利申請人

　　姓名或名稱：（中文／英文）（簽章）　ID　：

　　□指定　　　　　為應受送達人

　　代表人：（中文／英文）（簽章）

　　住居所或營業所地址：（中文／英文）

　　國籍：（中文／英文）

　　電話／傳眞／手機：

　　E-MAIL：

三、專利代理人：

　　姓名：（蓋章）　　　　　　　　　ID：

證書字號：台代字第　　　　　　　號

地址：

聯絡電話及分機：

E-MAIL：

四、說明書頁數及規費：

說明書：（　　）頁，圖式：（　　）頁，合計共（　　）頁。

規費：共計新台幣　　萬　　千　　百元整。

（申請實體審查，專利說明書及圖式合計在五十頁以下者，每件新台幣八千元；超過五十頁者，每五十頁加收新台幣五百元；其不足五十頁者，以五十頁計。）

五、附送書件：

☐1.生物材料存活證明文件正本一份。

☐2.依專利法第四十九條所提修正或補充者，須檢送：

　　☐補充、修正部分劃線之說明書修正頁一式二份。

　　☐補充、修正後無劃線之說明書或圖式替換頁一式三份。

　　☐如補充、修正後致原說明書或圖式頁數不連續者，應檢附補

　　　充、修正後之全分說明書或圖式。

☐3.其他：

資料來源：智慧財產局（http://www.tipo.gov.tw）。

參考書目

一、中文

中國國際發明得獎協會。推廣宣傳資料。

中華民國歷年專利公報。

日本三菱電機家電事業部靜崗製作所研發處（1982）。《教育訓練手冊》，頁52～61。

日本三菱電機家電事業部靜崗製作所研發處（1990）。《教育訓練手冊》，頁41～46，105～117。

東元電機家電事業部淡水廠技術中心（1988）。《教育訓練手冊》，頁27～35。

東元電機家電事業部淡水廠研發實驗室（1989）。《教育訓練手冊》，頁32～36。

高雄市發明人協會。推廣宣傳資料。

郭有遹（1994）。《發明心理學——第二版》。遠流出版社，頁118～122。

陳昭儀（1990）。〈我國傑出發明家之人格特質、創造歷程及生涯發展之研究〉，中國心理學會年會研討會論文。

經濟部智慧財產局（2003）。《為民服務白皮書》。

經濟部智慧財產局（2003.5）。中華民國九十一年智慧財產權年報。

經濟部智慧財產局（2004.5）。中華民國九十二年智慧財產局

年報。

經濟部智慧財產局，中華民國92年全國發明展參展要點。

經濟部智慧財產局，中華民國93年國家發明創作展參展要
點。

經濟部智慧財產局歷年專利統計資料、年報。

劉博文（2002）。《智慧財產權之保護與管理》。揚智文化，
頁85～90。

二、網站

KEEP WALKING夢想資助計畫。網址：http://www.keepwalk-ing. com.tw。

中華人民共和國國家知識產權局。網址：http://www.sipo.
gov.cn。

中華民國創業投資商業同業公會。網址：http://www.tvca.
org.tw。

中華創意發展協會。網址：http://www.ccda.org.tw。

中華發明協會。網址：http://www.invention.com.tw。

台北市發明人協會。網址：http://www.100p.net/holyx/。

台灣省發明人協會。網址：http://www.typ.net/invent/taiwanin-
vent.htm。

台灣傑出發明人協會。網址：http://www.inventor.org.tw/eip/index.html。

台灣發明博物館。網址：http://www.e-tim.com.tw/。

法務部全國法規資料庫。網址：http://law.moj.gov.tw。

經濟部中小企業處，中小企業創新育成中心。網址：http://incub.cpc. org.tw。

經濟部智慧財產局，「專利相關申請表格」一覽表。網址：http://www. tipo.gov.tw/patent/patent_table.asp。

經濟部智慧財產局，「爲民服務」。網址：http://www.tipo.gov.tw/service/service_main.asp。

note

note

note

note

note

創新管理—創意發明與專利保護實務　　NEO系列13

著　　　者☞ 黃秉鈞、葉忠福

出 版 者☞ 揚智文化事業股份有限公司

發 行 人☞ 葉忠賢

總 編 輯☞ 林新倫

地　　　址☞ 台北縣深坑鄉北深路三段260號8樓

電　　　話☞（02）8662-6826

傳　　　真☞（02）2664-7633

郵政劃撥☞ 19735365　戶名：葉忠賢

登 記 證☞ 局版北市業字第 1117 號

印　　　刷☞ 上海印刷廠股份有限公司

法律顧問☞ 北辰著作權事務所　蕭雄淋律師

初版二刷☞ 2011 年 3 月

定　　　價☞ 新台幣 250 元

I S B N ☞ 957-818-703-3

網　　　址☞ http://www.ycrc.com.tw

E-mail ☞ service @ycrc.com.tw

國家圖書館出版品預行編目資料

創新管理：創意發明與專利保護實務 ＝
Innovation management: Innovation and
patent protection practice / 黃秉鈞, 葉
忠福著. -- 初版. -- 臺北市：揚智文化,
2005〔民 94〕
面； 公分. -- （NEO 系列；13）
參考書目:面
ISBN 957-818-703-3（平裝）

1. 發明 2. 專利 3. 專利 - 法令,規則等

440.6 93024025